Final Cut Pro ガイドブック ［第5版］

加納 真 ［著］

Final Cut Pro 10.8 対応！

本書で使用したサンプルの素材は以下のURLからダウンロード可能です。

https://www.bnn.co.jp/blogs/dl/fcp5/

・安定したインターネット環境下でダウンロードを行ってください。
・本データは、書籍購入者のみご利用になれます。
・本データの複製販売、転載、添付など営利目的で使用することを固く禁じます。
・本データの著作権は著者に帰属し、モデルの肖像権は関係各社に帰属します。

本書は2024年8月時点での情報にもとづき執筆されています。
個々のソフトウエアのアップデート状況や、使用者の環境によって、本書の記載と異なる場合があります。
本書に記載されているURL、サイトの画面構成は、本書執筆後に変更される可能性があります。

本書に記載されている社名、商品名は、一般に各社の商標または登録商標です。
なお、本文中では™、®マークを表記しておりません。

Introduction
はじめに

本書を手にとっていただき、ありがとうございます！
この本はこれからFinal Cut Proを使って映像を編集する方のための一冊です。

Final Cut Proは誰でも簡単に映像を仕上げることのできるMac専用のアプリケーションです。
本書では映像と音声を使った編集の技法について、できるだけわかりやすく、ていねいにまとめています。
初めて動画を作るビギナーの方から、仕事でバリバリ使いこなしているプロの方まで、
Final Cut Proの基本テクニックを学んで、ワンランク上の映像作品を目指しましょう。
本書は「初級編」「中級編」「上級編」の3つのランクに分けています。
動画をカットしてまとめるだけなら「初級編」で基本を速習できます。
映像を自分好みのスタイルに仕上げたいなら「中級編」でエフェクトやトランジションについて学ぶことができます。
画面に表示する文字やテロップの作成方法については、YouTube用の字幕作成もあわせて紹介しています。
さらに「上級編」では、AI（＝機械学習）を使った色の補正やスローモーション動画、クロマキー合成、複数のカメラ素材を切り替えるマルチカム編集、iPhoneと連携して焦点距離を可変するシネマティックモードなど、高度で複雑なテクニックを解説しています。
また、iPad用のFinal Cut Proについては最新のver2.0版に対応し、基本的な編集テクニックだけでなく、iPhoneと連携したライブマルチカムについても学ぶことができます。
さらに、Final Cut Proの編集環境を支えるアプリケーションであるMotionやCompressorはもちろん、Blackmagic Design社のDaVinci Resolveとの連携についても解説を加えています。

本書の撮影にあたっては、実力派シンガーである上野優華さんに特別にご協力をいただきました。
また、素材の収録と執筆にあたっては多くの皆さんにサポートをいただきました。
この場を借りて、御礼申し上げます。

本書を通して、映像編集の楽しさをより深く知っていただければ幸いです。

2024年8月
加納　真

目 次 · C O N T E N T S

第1章　Final Cut Proとは？
Section 01 Final Cut Proオーバービュー —— 008
Section 02 映像編集のワークフロー —— 011
Section 03 インストールとインターフェイス —— 013

第2章　初級編：素材の読み込み／編集
Section 01 ライブラリに素材を読み込む —— 022
Section 02 ライブラリで素材を整理する —— 033
Section 03 プロジェクトを作成する —— 041
Section 04 カット編集／クリップをつなぐ —— 048
Section 05 トリム編集／クリップの長さを変える —— 061
Section 06 プロジェクトを書き出す —— 075

第3章　中級編：映像効果、文字、オーディオの設定
Section 01 エフェクトを使う —— 080
Section 02 キーフレームを使う —— 097
Section 03 トランジションを使う —— 108
Section 04 クリップを接続する —— 117
Section 05 タイトルを作成する —— 133
Section 06 ジェネレータを活用する —— 148
Section 07 オーディオを調整する —— 154
Section 08 オーディオエフェクト —— 165

第4章　上級編：さまざまなテクニック
Section 01 色補正の基本テクニック —— 176
Section 02 クロマキー合成とシーン除去マスク —— 199

Section 03　スローモーションと静止画 —— 209

Section 04　マルチカム編集を行う —— 214

Section 05　オブジェクトトラッキング —— 222

Section 06　シネマティックモード —— 226

Section 07　360°動画を編集しよう —— 230

Section 08　タイムラインインデックス —— 232

Section 09　ライブラリの整理 —— 236

第5章　iPadのためのFinal Cut Pro

Section 01　iPad用Final Cut Proのインターフェイス —— 240

Section 02　iPad用Final Cut Proの編集の基本 —— 246

Section 03　ライブマルチカムの撮影と編集 —— 258

Section 04　Mac版との連携 —— 272

第6章　Final Cut Proと他のアプリとの連携

Section 01　Compressorでフォーマット変換 —— 278

Section 02　Motionとの連携 —— 285

Section 03　Photoshopとの連携 —— 304

Section 04　DaVinci Resolveとの連携 —— 310

第7章　作業環境の設定とファイル管理

Section 01　Final Cut Proの環境設定 —— 320

Section 02　外部モニタに出力する —— 327

Section 03　ショートカットキーの管理とカスタマイズ —— 331

Section 04　ファイルの情報と管理 —— 335

索引 —— 341

◉モデル
上野 優華 うえの ゆうか

徳島県出身、2013年、映画の主演・主題歌でデビュー。代表曲「好きな人」、「あなたの彼女じゃないんだね」など失恋・片想いソングに定評がある。
自身で作詞をする一方、数多くのアーティスト・作家が楽曲提供していることでも話題に。
"いま、泣ける声"と称されている注目のシンガー。

第1章
Final Cut Proとは?

```
Final
Cut
Pro
Guidebook
```

　Final Cut Pro は、アップル社の Mac 専用の映像編集アプリケーションです。名前に「Pro」とあるように、映像の制作に携わる人たちが実践で使える機能が盛り込まれており、世界中のクリエイターが愛用しています。
　また、動画編集の初心者でも簡単に扱えるように工夫されています。
　本書は、だれでも Final Cut Pro を使いこなせるように、わかりやすく、ていねいな解説を心がけています。
　自由に編集できるチュートリアル用の動画素材も用意しました。
　本書を使って先端の映像編集オペレーションを自分のものにしましょう！

Section 01 Overview

Final Cut Pro オーバービュー

Final Cut Pro Guidebook

「Final Cut Pro」は高度な機能を備えたMac専用の映像編集アプリケーションです。さらに、モーショングラフィックを作成する「Motion」、エンコードツール「Compressor」を組み合わせることで、編集環境を整えることができます。

Final Cut Proの特徴

Final Cut Proは、高いクオリティの映像を仕上げることができる映像編集アプリケーションです。映像をつなぐだけでなく、色合いを調整し、オーディオやタイトルを加えて、1つの作品に仕上げることができます。
Final Cut Proには、4Kを超える高解像度、Log素材のカラーグレーディング、360°動画や縦構図での編集など、クリエイターのニーズに応えた機能が搭載されています。また、Apple社以外から数多くのプラグインソフトがリリースされており、多彩なエフェクトを使えるのも魅力です。世界中の映像制作者が愛用している編集ツール、それがFinal Cut Proです。

Mac用Final Cut Pro

▶ 機能が増え、進化するFinal Cut Pro

Final Cut Proはリリース以来バージョンアップを重ね、進化を遂げてきました。バージョン10.8では機械学習による色補正機能「ライトとカラーの補正」が追加され、だれでも高度な色補正を行うことができるよ

Final Cut Proのインターフェイス

うになりました。高品質のスロー映像を生み出す「スローモーションをスムージング」にも機械学習は活用されています。

▶ 活用されるiPhoneのテクノロジー

iPhone／iOS用に開発されたテクノロジーがFinal Cut Proにも活用されています。たとえば、シネマティックモードは、元はiPhone13以降に搭載された機能で、このモードで撮影された動画はピントの合う範囲を編集段階で変えることができます。

また、「声を分離」フィルターでは、音声トラックから声の成分を分析し、背景ノイズを減らすことができます。このフィルターには、iPhoneの「マイクモード」の技術が使われています。

▶ iPadのためのFinal Cut Pro

iMovieだけでなく、Final Cut Proも一部のiPadで使えるようになりました。本書ではP.239「第5章 iPadのためのFinal Cut Pro」で解説しています。

iPad用Final Cut Pro

Final Cut Proを支えるMotionとCompressor

Final Cut Proの編集ワークフローを強力にサポートするのがMotionとCompressorです。

▶ 多彩なエフェクトで動画を彩る「Motion」

Motionは、グラフィックにモーション＝動きを加えるアプリケーションで、オリジナルのエフェクトやモーションタイトルを作成することができます。また、Final Cut Proのエフェクトやジェネレータの多くは、Motionでカスタマイズすることができます。MotionはFinal Cut Proの表現を広げてくれるパートナーと言えるでしょう。

Motion

Motionのインターフェイス

▶ 動画をさまざまなフォーマットに変換する「Compressor」

Compressorは動画のフォーマット変換＝エンコーディングを専用に行うアプリケーションです。汎用性の高いMP4形式の動画をはじめ、マスター用のProResファイル、放送用のMXFファイルなどを作成することができます。また、動画のサイズやビットレートなど、細かく設定できます。

Compressorで保存した設定は、Final Cut Proから「Compressor設定を使って書き出す」で利用することができます。

Compressor

Compressorのインターフェイス

Column
Final Cut Proは
App Storeで手に入れよう

Final Cut Pro、Compressor、MotionはオンラインのApp Storeで購入できます。

・Final Cut Pro────45,000円
・Compressor────7,000円
・Motion────7,000円

　※価格は2024年7月現在のものです。価格は為替レートなどにより変わります。

購入にはApp StoreのIDが必要です。なお、販売はダウンロード版のみでパッケージでの販売はありません。

iPadのためのFinal Cut Proはサブスクリプションで入手

App Storeから月額700円または年間7,000円の定額料金で利用できます。
はじめは1ヶ月の無料トライアルで試してみるとよいでしょう。

Section 02 Workflow

映像編集のワークフロー

はじめにFinal Cut Proによる編集のワークフロー（手順）をつかんでおきましょう。

編集のワークフロー

Final Cut Proでの編集作業は次のようなステップで進んでいきます。

Final Cut Proの編集ワークフロー

1 素材を「ライブラリ」に読み込む
動画やイラスト、音楽など編集に使う素材をFinal Cut Proのライブラリに読み込みます。必要に応じて、Final Cut Proでは素材を編集できるフォーマットに変換します。

2 「クリップ」が「イベント」に表示される
読み込んだ素材はクリップとしてライブラリ内のイベントにサムネールで表示されます。

3 「プロジェクト」で編集する
イベントの中に編集用のプロジェクトを作成します。プロジェクトを開くと表示されるタイムラインにクリップを並べて編集します。

4 「ビューア」で確認
タイムラインで編集した結果はビューアにリアルタイムで表示されます。

5 動画を「共有」する
編集したプロジェクトは「共有」で動画ファイルに出力できます。出力した動画はYouTubeなどで公開したり、外部のメディアに収めて保存できます。

ライブラリの役割

Final Cut Proの特徴は、素材やプロジェクトを収めるための専用のライブラリがあることです。ここではライブラリ、イベント、プロジェクトの関連についてまとめておきます。

▶編集素材を収めるライブラリ、素材をまとめるイベント、編集を実行するプロジェクト

ライブラリ、イベント、プロジェクト

ライブラリ

Final Cut Proでは、編集素材はすべて専用のライブラリに収められます。そこで、まずFinal Cut Proでライブラリを新規に作成し、素材を読み込むことから作業を始めます。ライブラリはMacに内蔵、または増設したハードディスクやSSDドライブの中に作成します。

クリップ

Final Cut Proでは編集用の素材はすべて「クリップ」と呼びます。クリップはライブラリ内にあるイベントごとにまとめられます。イベントはライブラリ内に複数作成することができます。

イベント

イベントはクリップを整理し、まとめるフォルダのようなものです。イベントの中には編集作業を行うプロジェクトが収められています。

プロジェクト

プロジェクトを開くと、横に長いタイムラインが表示されます。タイムラインにクリップを並べて編集をしていくのです。プロジェクトはイベント内に複数作成することができます。

Section 03 Install

Final
Cut
Pro
Guidebook

インストールと インターフェイス

Final Cut Proはアップルのオンラインストア「App Store」で購入できます。90日間のフリートライアル版も用意されています。購入前に試してみるのもよいでしょう。

購入とインストール

Final Cut Proの購入とインストールはとても簡単です。まずはApp Storeからアップルのオンラインストアにアクセスしましょう。

❶Finderのメニューバー左上にあるりんごマークから「App Store」を選択し、利用者のApple IDでログインします。

❷App StoreでFinal Cut Proを検索し、購入します。無事に購入できると、ソフトウェアのダウンロードが始まります。ソフトウェアのダウンロードとインストールには時間がかかる場合がありますので、余裕をみておきましょう。

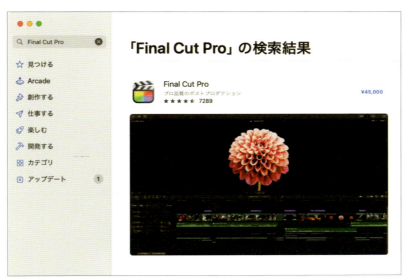

App StoreでFinal Cut Proを検索、購入

013

Final Cut Proは、お使いのMacの「アプリケーション」フォルダ内にインストールされます。デスクトップのDockに登録して、いつでも呼び出せるようにしておくと便利です。

> **MEMO** ●●●●●●
>
> ▶Final Cut Pro は Apple Gift Card で購入できる
>
> Final Cut Proは「Apple Gift Card」を使って購入することもできます。Mac App Storeで自分のアカウントを選択し、右上に表示される「ギフトカードを使う」をクリックします。カードのコードをMacに付属のカメラで読み取るか、カードに記載されているコードを入力して登録します。Apple Gift Cardはキャンペーンで割引されていることがあるので、チェックしてみるとよいでしょう。
>
>
>
> Apple Gift Card　　　Mac App Storeで「ギフトカードを使う」を選択

> **MEMO** ●●●●●●
>
> ▶Final Cut Pro は複数の Mac にインストールできる
>
> Final Cut Proを個人で使用している場合は、お使いのメインマシン以外にも同じアカウントで管理している他のMacにインストールして使うことができます。たとえば、iMacで作業しながら、MacBook Proにもインストールすることができます。アプリケーションを複数、購入する必要はありません。

ライブラリの作成

インストールが完了したら、さっそくアプリケーションを起動してみましょう。はじめにライブラリを作成して、編集素材を読み込む場所を用意しましょう。

❶ Final Cut Proを初めて起動すると「ライブラリを開く」ウインドウが表示されます。
すでにライブラリがある場合はリスト表示から使用するライブラリを選びます。
この例では、まだライブラリを作成していないので「新規」を選びます。

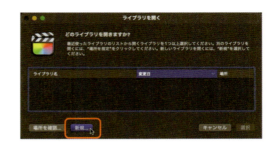

❷ ライブラリの名前を入力して保存先を指定し「保存」をクリックします。

ライブラリの保存先はMacに内蔵されているディスクの他に外部のディスクドライブを選択できます。
この例では「ムービー」フォルダ内に「わたしのムービー」という名前でライブラリを作りました。
ライブラリを作成するとFinal Cut Proのウインドウが表示されます。
左上の「サイドバー」の中にライブラリ「わたしのムービー」があります。
ライブラリ内の中には作成日の日付でイベントが作られています。
あとでこのイベントに編集する素材を読み込みます。

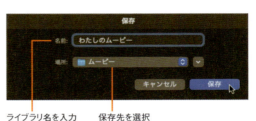

ライブラリ名を入力　保存先を選択

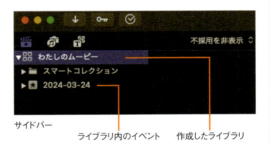

サイドバー　　ライブラリ内のイベント　作成したライブラリ

▶POINT◀　ライブラリのアイコン

作成したライブラリはFinderで見ると、右のようなアイコンになっています。1つのファイルのようですが、実際にはフォルダ構造で読み込んだ素材が収められます。ライブラリについては後の項で詳しく説明します。

ワークスペース

ライブラリを保存すると、Final Cut Proのウインドウが表示されます。このウインドウを「ワークスペース」と呼んでいます。何も表示されていない新規のワークスペースでは各部の役割がわかりにくいので、素材を読み込んだワークスペースで解説しましょう。

ワークスペース

Final Cut Proのワークスペースは大きく5つのウインドウで構成されています。各ウインドウは次のような役割を持っています。

1 サイドバー

タブごとに表示する内容が異なります。素材を収めるライブラリのほか、「写真」や「ミュージック」アプリのライブラリを表示する「写真とオーディオ」、テロップなどの作成ツールが収められた「タイトルとジェネレータ」があります。

2 ブラウザ

ブラウザにはライブラリに読み込んだクリップ（＝編集素材）が表示されます。

3 ビューア

ビューアは映像をプレビューするウインドウです。クリップやタイムラインの内容が表示されます。

4 インスペクタ

クリップやプロジェクトの情報が表示されるウインドウです。また、パラメータを操作することでクリップのサイズやエフェクトの設定を調整することができます。

5 タイムライン

ライブラリ内のイベントに作成したプロジェクトを開くと表示されます。クリップを左から右に並べて、編集を進めていきます。

ウインドウのレイアウトを変更する

ワークスペース内の各ウインドウは、サイズや表示／非表示を切り替えられます。

▶ ウインドウのサイズを変える

各ウインドウの領域は、マウス操作で変えられます。ウインドウの境界にマウスを動かすと、ポインタの形状が✥マークに変化します。このままマウスをドラッグするとサイズを変えることがきます。

ウインドウの境界をドラッグ

▶ ウインドウの表示／非表示を切り替える

不要なウインドウを非表示にすることで、限られたスペースを有効活用できます。ワークスペース右上の「インスペクタを表示／隠す」「タイムラインを表示／隠す」「ブラウザを表示／隠す」のボタンを選択します。

ブラウザを表示／隠す　インスペクタを表示／隠す

タイムラインを表示／隠す

ブラウザを非表示にした例

サイドバーとブラウザが同時に非表示になります。色の調整などインスペクタを使ったクリップの調整に適したレイアウトです。

インスペクタ

サイドバーとブラウザを非表示

017

インスペクタを非表示にした例

クリップをつなげていくときに便利なレイアウトです。ブラウザとビューアの領域が広くなり、編集内容を把握しやすくなります。

インスペクタを非表示

タイムラインを非表示にした例

ブラウザの中身が見やすくなります。編集前に素材を整理するときに便利なレイアウトです。

タイムラインを非表示

MEMO ●●●●●●

▶もっと細かく表示を設定するには

「ウインドウ」メニューの「ワークスペースに表示」から各ウインドウごとにチェックをすることで、表示／非表示を選択できます。

ウインドウの表示／非表示を選択

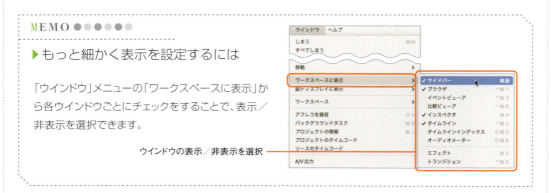

セカンドディスプレイに表示する

Macに2台目のディスプレイを接続している場合は、セカンドディスプレイの表示方法をコントロールできます。

▶ **タイムライン、ビューア、ブラウザをセカンドディスプレイに表示する**

ウインドウ右上の「セカンドディスプレイ」ボタンでタイムライン、ビューア、ブラウザのどれかを選択して表示することができます。

セカンドディスプレイ表示のオン／オフ
セカンドディスプレイに表示する項目を選択

タイムラインをセカンドディスプレイに表示させた例

タイムラインを大きく表示できます。映像や音楽のクリップを重ねて配置したことでタイムラインが狭くなった際に便利なレイアウトです。

メインディスプレイ

セカンドディスプレイにタイムラインを表示

ビューアをセカンドディスプレイに表示させた例

映像を画面一杯に大きく表示させることで、ディテールを把握することができます。

メインディスプレイ

セカンドディスプレイにビューアを表示

ブラウザをセカンドディスプレイに表示させた例

ブラウザ内のクリップがディスプレイ全体に表示されます。収録した素材が多いときにすばやく探すことができます。

メインディスプレイ

セカンドディスプレイにブラウザを表示

「ワークスペース」のレイアウトを選択／保存する

ウインドウの配置やサイズなどは、ワークスペースとして保存することができます。また、「オーガナイズ」「カラーとエフェクト」など、既存のレイアウト設定を使うこともできます。

Final Cut Proのワークスペースを選択

「ウインドウ」メニューの「ワークスペース」からワークスペース名を選択します。「デフォルト」を選択すると、初期設定に戻すことができます。

独自のワークスペースを保存する

自分で作業しやすいように各ウインドウをレイアウトし、「ワークスペースを別名で保存」でレイアウトを保存します。あとから「ワークスペース」サブメニューで保存したレイアウトを選択すれば、ウインドウの配置やサイズを再現できます。何人かで共用している環境では自分用のレイアウト設定を保存しておくと便利です。

MEMO ●●●●●●

▶ フルスクリーンで作業する

「表示」メニューの「フルスクリーンにする」を選択すると、メニュー部分が隠れてフルスクリーンの表示モードになります。MacBook Proなど限られた画面で作業する場合には有効にワークスペースを使えます。ポインタを隠れたメニュー部分に移動すると、メニューが自動的に表示されます。

第 2 章

Final
Cut
Pro
Guidebook

初級編：
素材の読み込み／編集

それでは実際に Final Cut Pro を使ってみましょう。
ライブラリに編集素材を読み込んだら、OK テイクを切り出し、音楽や効果音、タイトルなどを挿入して映像作品に仕上げていきます。
Final Cut Pro の特徴である「マグネティックタイムライン」ではクリップが左揃えにピタッと並ぶので、手際よく編集していくことができます。
本章では、Final Cut Pro の素材の読み込みからタイムラインにクリップを並べてカットし、動画ファイルを書き出すところまでを解説します。

Section 01 Import

Final Cut Pro Guidebook

ライブラリに素材を読み込む

映像制作は、まずFinal Cut Proに編集する素材を読み込むことから始まります。読み込み方法はいくつかあります。読み込んだ素材はライブラリに収められます。

「メディアを読み込む」ウインドウで読み込む

カメラで撮影された映像や写真は、撮影日時、レンズ、露出など撮影したときの状況を記録したデータと共に収録されています。
これらのデータを「メタデータ」と呼びます。「メディアを読み込む」ウインドウを使うと「メタデータ」もあわせて読み込まれます。

iPhoneやカメラから読み込む場合

iPhoneやカメラから素材を読み込む場合は接続ケーブルを用いてMacと接続しておきます。カメラから直接取り込む場合は、カメラをPC接続モードにしておきます。

カードから読み込む場合

SDカードに記録された素材を読み込む場合は、カードリーダーを用いて記録メディアを接続して読み込みます。

ハードディスクから読み込む場合

ディスク内の素材を読み込む場合は「メディアを読み込む」ウインドウを開き、「デバイス」から素材の場所を指定します。

カメラとMacを接続

Macにカードリーダーを接続してSDカードを差し込む

SECTION 01 ライブラリに素材を読み込む

▶「メディアを読み込む」ウインドウを開く

素材を用意したら、Final Cut Proを起動してライブラリに読み込みましょう。

❶ **ライブラリの上にある「読み込み」ボタンをクリックします。または、「ファイル」メニューの「読み込む」→「メディア」を選択します。**

「メディアを読み込む」ウインドウが開きます（下図参照）。左上の「デバイス」項目の上に「カメラ」が表示されています。iPhoneの場合は、「iPhone」が表示されます。

「読み込み」ボタン

▶POINT◀

Macに内蔵のディスクや外付けのハードディスクなどから素材を読み込む場合は、「デバイス」から素材が収められているディスクの場所を選択します。

❷ **「カメラ」をクリックすると、記録されている素材がサムネール表示されます。**

サムネールをクリックすると内容がビューアに表示されます。この表示方式を「フィルムストリップ表示」と呼びます。

「メディアを読み込む」ウインドウ

❸ サムネールの表示スタイルは「フィルムストリップ表示」または「リスト表示」のいずれかを選択できます。「リスト表示」を選択すると、下図のようにクリップがリスト形式で表示されます。リスト内のクリップを選択すると、内容が横長のサムネールで表示されます。

❹ クリップを再生すると、サムネールに白い縦線＝再生ヘッドが表示されます。
再生ヘッドは再生している箇所を示しています。

リスト表示　　　　　　　　　　フィルムストリップ表示／リスト表示の切り替え

▶ 素材をプレビューして確認する

「メディアを読み込む」ウインドウで素材を再生し、読み込む素材を決めましょう。素材の再生には以下の方法があります。

「再生コントロール」を使う

ビューアの下にある再生コントロールを使ってクリップを再生します。

ビューア

「スキミング再生」を使う

サムネールの上でカーソルを移動させると、移動した箇所に合わせて再生されます。このプレビュー方法を「スキミング再生」といいます。

クリップの表示

クリップの表示サイズは、「クリップのアピアランス」で変えることができます。クリップを表示する対象は、プルダウンメニューで「ビデオ」「写真」「すべてのクリップ」から選べます。

赤線の位置が再生ヘッド（スキマー）

クリップのアピアランス

▶ クリップを選択して「読み込む」

クリップを選択し、ウインドウ右下にある「選択した項目を読み込む」をクリックします。

このとき「読み込み開始後にウインドウを閉じる」を選択していると、「メディアを読み込む」ウインドウが閉じてしまいます。続けて別の素材を読み込む場合は、チェックを外しておきます。

複数のクリップを選択するにはcommandキーを押して選択します。選択されたクリップには黄色の枠がつきます。

commandキーを押しながら複数のクリップを選択

▶ すべてのクリップを「読み込む」

カメラの中のクリップすべてを一度に読み込むには、クリップを選択せずにウインドウ右下の「すべてを読み込む」をクリックします。

▶ クリップの一部だけを読み込む

選択したクリップの両端をドラッグすると範囲を選択できます。黄色い枠の部分が読み込まれます。長く撮影してしまったけど使うのは数秒だけ、というような場合には範囲を指定して読み込むことができます。

読み込み開始　読み込み終了

▶POINT◀

クリップの範囲指定はキーボードでも設定できます。キーボードの「i」キーでクリップの読み込み開始、「o」キーでクリップの読み込み終了位置を指定できます。このとき「i」キーは開始のイン、「o」キーは終了のアウトを意味しています。

MEMO ●●●●●●●

▶「アーカイブ」を作成する

カメラで記録した素材のバックアップを保存することができます。それには、「メディアを読み込む」ウインドウの左下にある「アーカイブを作成」ボタンをクリックし、保存先を指定して「作成」をクリックします。
メディアをバックアップ用のディスクなどにアーカイブとして保存しておけば、あとでライブラリに読み込むことができます。

▶ 読み込みの開始と完了

❶ **読み込みを開始すると、選択したクリップが順番にライブラリ内のイベントに転送されます。**
転送中はサムネールの左端に円グラフの形で過程が表示されます。円グラフが消えると読み込み完了です。

❷ **読み込みが終わると「読み込み完了」が表示されます。読み込みを完了する場合は ✕（閉じる）を、メディアを取り出すには「取り出す」をクリックします。**
読み込みを継続する場合は ✕ をクリックしたのち、再度「メディアを読み込む」ウインドウを開いて読み込みます。

読み込み中　　未読み込み　　未読み込み　　　　　読み込み完了

▶ 読み込んだクリップを再生する

これでライブラリに素材を読みこむことができました。イベントに素材が読み込まれると、クリップがブラウザに表示されます。

❶ **クリップの上でポインタを動かすと、動きに合わせて再生（スキミング再生）し、ビューアにプレビュー映像が表示されます。**

❷ビューア下の▶ボタンで再生／停止をコントロールできます。また、キーボードのスペースキーで再生／停止を行うこともできます。

ライブラリ　イベント　読み込まれたクリップ　スキミング再生　　　ビューアでプレビュー再生

再生ボタン

▶「メディアを読み込む」ウインドウの設定項目

「メディアを読み込む」ウインドウ（P.023）右側のオプションでは、保存先のイベントや読み込み後のトランスコード（変換）などを設定できます。以下に各設定項目について説明しますが、通常は初期設定のままでかまいません。

読み込む際に設定しておく項目

「既存イベントに追加」：ライブラリ内にあるイベントに素材を読み込む場合に選択します。
「新規イベントを作成」：新規にイベントを作成して素材を読み込む場合に選択します。

「ファイル」
　「ライブラリにコピー」：読み込む素材をライブラリにコピーします。AVCHD方式で記録された動画などはコピーが必須なので、この項目しか選択できません。
　「ファイルをそのままにする」：素材をライブラリにコピーせずにリンクを作っておくだけにします。ディスク容量の節約になります。
　ただし、SDカードなどから読み込む場合は、この項目は選択しないようにしましょう。カードを抜いてしまうと素材にアクセスできなくなるためです。

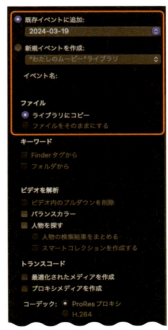

「メディアを読み込む」ウインドウの設定項目（上部）

バックグラウンド処理の設定項目

下記の項目は読み込み後に、自動的に実行する作業（バックグラウンド処理）を設定する項目です。バックグラウンド処理は読み込み後にクリップごとに手動で実行することもできます。

「キーワード」

「Finderタグから」：Finder上でファイルに付けたタグ（青や赤の印）を元にキーワードを付与します。

「フォルダから」：素材をフォルダごと読み込んだ場合にフォルダ名でキーワードを付与します。

「ビデオを解析」

「ビデオ内のプルダウンを削除」：29.97fpsで収録された24p素材から不要なフレームを削除します（撮影時に設定している場合のみ）。

「バランスカラー」：撮影された前後のショットから色補正を行うための計算をしておきます。

「人物を探す」：人物が登場しているクリップをまとめる計算をしておきます。

「人物の検索結果をまとめる」：項目にチェックを入れておくとクリップ内の人数ごとにまとめます。

「スマートコレクションを作成する」：項目にチェックを入れておくと解析後にスマートコレクションとしてまとめます。

「メディアを読み込む」ウインドウの設定項目（上部）

「トランスコード」

「最適化されたメディアを作成」：読み込んだ素材から編集に適した「Apple ProRes 422」形式の動画ファイルを作成します。

「プロキシメディアを作成」：少し画質は落ちますが、容量を抑えた「Apple ProRes 422（プロキシ）」形式に変換します。

プロキシメディアを作成しておくと、変換後に負荷が軽いプロキシメディアで作業を行うことができます。

「コーデック」：プロキシメディアの種類を選択します。

「フレームサイズ」：プロキシメディアのサイズをオリジナルメディアの比率で設定します。

「オーディオを解析」

「オーディオの問題を修正」：音声のノイズや音量が聞き取りにくいなど、問題を解析して修正します。

「モノラルとグループステレオオーディオを分離」：クリップの音源を「ステレオ」と「モノラル」に選別します。

選別した結果はインスペクタの「オーディオ構成」（右図参照）に反映されます。

「無音のチャンネルを取り除く」：マルチチャンネル素材の場合、音声が収録されていないチャンネルを取り除きます。

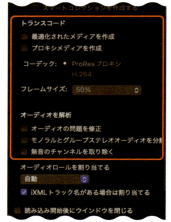

「メディアを読み込む」ウインドウの設定項目（中部）

オーディオ構成

「オーディオロールを割り当てる」
クリップの中のオーディオについて、ロール（種別）を割り当てます。通常は「自動」にしておきます。

> 「iXMLトラック名がある場合は割り当てる」：読み込む素材がiXMLで仕分けされている場合はロールを割り当てます。

「メディアを読み込む」ウインドウの設定項目（下部）

▶ バックグラウンドタスク

「バックグラウンドタスク」とは編集作業をしている最中でも、アプリケーションが自動的に実行している作業のことです。素材を転送したあと、読み込みオプションで設定した項目はバックグラウンドで作業が続けられます。「ウインドウ」メニューの「バックグラウンドタスク」で進行中の作業状況を確認できます。

「バックグラウンドタスク」ウインドウ

Finderから「読み込む」

Final Cut Proは「メディアを読み込む」ウインドウだけでなく、Finderからファイルをドラッグ＆ドロップして読み込むこともできます。

▶「読み込み」を設定する

はじめに「設定」で「読み込み」のオプションを設定しておきましょう。「Final Cut Pro」メニューの「設定」のウインドウで「読み込み」パネルを表示し、「ファイル」で「ファイルをそのままにする」を選択し、「キーワード」の「フォルダから」にチェックを入れておきます。

「設定」ウインドウの「読み込み」パネル

▶Finderからファイルをドラッグして読み込む

作成したライブラリ内のイベントに、ムービーファイルを直接読み込むことができます。Finderを開いて読み込みたい素材をライブラリ内のイベントにドラッグします。これでイベントにムービーファイルが読み込まれます。

Finderからイベントにドラッグ

Final Cut Proはさまざまなメディアファイルを読み込むことができます。ただし、テキストファイルや、Microsoft WordやExcelなどで作成した書類は読めません。

▶Finderからフォルダをドラッグして読み込む

イベントにはフォルダ単位で読み込むこともできます。Finderからフォルダをドラッグしてイベントに読み込みます。
図のようにフォルダ「アトランティックシティ」が読み込まれました。「アトランティックシティ」という名称で「キーワードコレクション」が作成され、クリップがまとめられます。
これは読み込みの設定で「キーワード：フォルダから」（P.028）にチェックを入れておいたためです。

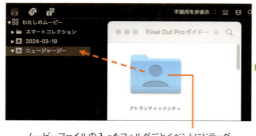

ムービーファイルの入ったフォルダごとイベントにドラッグ

キーワードコレクション
フォルダ内に入っていたムービーファイルが読み込まれる

▶POINT◀
素材は編集中の「タイムライン」に直接ドラッグしても読み込めます。その場合は「タイムライン」を作成したイベントにクリップが表示されます。

■「写真」や「ミュージック」のライブラリから読み込む

Final Cut Proでは、「写真」や「ミュージック」のライブラリからメディアファイルを読み込むことができます。

▶「写真」のライブラリから読み込む場合

❶ サイドバーの「写真、ビデオ、およびオーディオ」ボタンをクリックします。

❷ サイドバーで「写真」をクリックします。

ブラウザに「写真」のライブラリの内容が表示されます。

❸ 読み込みたい写真を左にドラッグしてサイドバー内に移動させます。

❹ サイドバーは自動的にFinal Cut Proのライブラリに変わるので、読み込み先のイベントにドラッグ＆ドロップします。

▶「ミュージック」のライブラリから読み込む場合

❶ **サイドバーの「写真、ビデオ、およびオーディオ」ボタンをクリックし、サイドバーで「ミュージック」をクリックします。**

ブラウザに「ミュージック」のライブラリの内容が表示されます。

❷ **使用したい音楽を選び、「写真」と同様に読み込み先のイベントにドラッグ&ドロップします。**

「写真」と同様、サイドバーは自動的にFinal Cut Proのライブラリに変わるので、読み込み先のイベントにドラッグ&ドロップします。

▶Final Cut Proのサウンドエフェクトから読み込む場合

❶ **サイドバーの「写真、ビデオ、およびオーディオ」内の「サウンドエフェクト」を選択します。**

❷ **プルダウンメニューからジャンルを選択し、使いたいサウンドを選びます。**

▶NOTE◀
サウンドエフェクトが表示されない場合は、「Final Cut Pro」メニューの「追加コンテンツをダウンロード」で「Final Cut Pro 補足コンテンツ」をダウンロードしてください。

▶POINT◀
自分のものではない写真やイラスト、音楽を使用する場合は著作権について十分留意してください。また、YouTubeなど投稿動画サイトを利用される方は各サイトの利用規程をご確認ください。

Section 02 Organize

Final Cut Pro Guidebook

ライブラリで素材を整理する

撮影したらすぐに編集したい。お気持ちはよくわかりますが、素材が多くなると欲しいカットを探すだけで時間がかかります。素材を読み込んだら、まず、整理整頓しておきましょう。

ライブラリに読み込んだクリップを整理しましょう。Final Cut Proにはクリップをまとめる方法がいくつも備わっています。自分にあった方法を選んで整理するとよいでしょう。

クリップの種類や作成日で整理する

「ブラウザ」内のクリップをファイルのタイプや作成日でまとめることができます。

▶「クリップアピアランス／フィルタ」で仕分ける

❶ ブラウザ右上にある「クリップアピアランス／フィルタ」ボタンをクリックします。

❷「グループ分け」から「ファイルのタイプ」、「並び替え」から「コンテンツの作成日」を選択します。

「ブラウザ」内のクリップがファイルのタイプ別に仕分けされます。

❶「クリップアピアランス／フィルタ」をクリック

❷「グループ分け」を「ファイルのタイプ」、「並び替え」を「コンテンツの作成日」に設定

ファイルタイプ別に仕分けされる

033

▶リストモードで並べ替える

❶ クリップの表示モードを「フィルムストリップモード」から「リストモード」に切り替えます。

❷ リストモードのタブをクリックして並べ替えます。

「名前」を選択すると数字・欧文・五十音順に、「コンテンツの作成日」を選択するとクリップの作成日時の順でソートされます。タブの位置は左右に入れ替えることができます。

リストモード

「レート」でクリップを整理する

俗に言う「NG出し」です。「よく使う項目」「不採用」「評価なし」の3つの「レート」をクリップに設定できます。ブラウザ内のクリップを選択し、ショートカットキーで「レート」をつけます。または、メニューの「マーク」から3つの「レート」を選択します。

レートが設定されたクリップには、緑色または赤色のラインが付きます。また、設定しないクリップは「評価なし」になります。

レート	色	説明	ショートカットキー
よく使う項目	緑	OKクリップ	「F」キー
不採用	赤	NGクリップ	「delete」キー
評価なし	色なし	保留クリップ	「U」キー

▶「不採用」(NGクリップ)を隠す

ブラウザ右上の「クリップフィルタ」のプルダウンメニューから「不採用を非表示」を選択します。ブラウザ上で「不採用」とされたクリップが表示されなくなります。

「キーワードコレクション」でクリップを整理する

「キーワード」をクリップに設定して整理できます。人の名前や地名など、任意の「キーワード」でタグをつけ、クリップをまとめます。

▶「キーワード」を設定する

❶「キーワード」を設定したいクリップを選択し、「キーワードエディタ」ボタンを押します。

「キーワードエディタ」ボタン

「キーワード」を設定したいクリップを選択

❷「キーワードエディタ」が表示されるので、任意の「キーワード」を入力してreturnキーで確定します。

ここでは「花」と入力しました。

❸ ほかのクリップにも「花」のキーワードを設定します。

キーワードを設定したクリップが「キーワードコレクション」としてまとめられます。

キーワードコレクション　キーワードでまとめられたクリップ

「キーワードショートカット」を設定する

よく使うキーワードは「キーワードショートカット」に登録しておくと便利です。

❶「キーワードエディタ」の「キーワードショートカット」を開いてキーワードを登録しておきます。

❷ クリップを選択し「キーワードショートカット」からキーワード左のボタンをクリックすると設定できます。

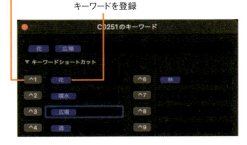

ショートカット（control＋数字キー）
キーワードを登録

035

Column
キーワードやレートを削除するには？

Q: キーワードを削除するには、クリップを選択してキーワードエディタで削除していくのですよね。

A: その通りです。

Q: ちょっと面倒くさいなあ。一気にキーワードを削除することはできないかな？

A: それでしたらキーワードを削除したいクリップを選択し、「マーク」メニューの「すべてのキーワードを取り除く」を選択します。

Q: なるほど。

A: レートもクリップを選択し、「マーク」メニューの「評価なし」を選べば設定を解除できます。

「スマートコレクション」で整理する

「スマートコレクション」はクリップを解析してまとめる機能です。自動的にまとめるのでスマート＝賢い整理方法というわけです。

▶ ライブラリの「スマートコレクション」

ライブラリにある「スマートコレクション」を開いてみましょう。「オーディオのみ」「すべてのビデオ」「プロジェクト」「よく使う項目」「静止画」と並んでいます。

「すべてのビデオ」を選択すると、ライブラリ内の動画クリップだけがまとめて表示されます。

▶「スマートコレクション」を追加する

「スマートコレクション」は検索する条件を指定して追加できます。

❶ ライブラリを右クリックして、表示されるメニューから「新規スマートコレクション」を選択します。または、ライブラリを選択し、「ファイル」メニューの「新規」→「ライブラリスマートコレクション」を選択します。

❷「名称未設定」の名称で「スマートコレクション」が作成されます。「スマートコレクション」をダブルクリックすると「検索条件」を設定するウインドウが表示されます。

❸ + をクリックして、プルダウンメニューから検索条件を選択します。
ここでは「人物」を選択しました。

検索条件を選択

「検索条件」に「人物」が追加されました。ライブラリの中から人物が写っているクリップを選び出す設定です。ただし、このままでは「人物」が写っているクリップを表示することはできません。次の「クリップの「解析と修復」」で人物の写ったクリップを抽出する必要があります。

「検索条件」に「人物」を追加

▶ クリップの「解析と修復」

クリップの解析作業を行って、「人物」が写っているクリップを抽出しましょう。

❶ ブラウザ内の解析したいクリップを選択して右クリックし、表示されるメニューから「解析と修復」を選択します。

❷「解析と修復」が表示されます。「ビデオ」の「人物を探す」にチェックを入れて、「OK」をクリックします。

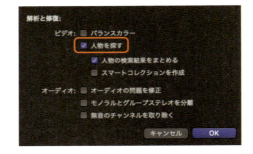

クリップの解析が始まります。解析はバックグラウンドで行われるので、解析中でも編集作業を続けることができます。

解析が終了すると「人物」がまとめられます。作成した「スマートコレクション」に「人物」と名称を付けておきましょう。

人物が写っているクリップが抽出される

▶POINT◀
クリップの「解析と修復」は読み込み時に自動的に実行を設定できます。それには、「Final Cut Pro」メニューの「設定」のウインドウで「読み込み」パネルを表示し、「ビデオを解析」の項目で「人物を探す」にチェックを入れておきます。

イベントでクリップを整理する

ライブラリが倉庫だとするとイベントは棚のようなものです。イベントはライブラリを作成するときに必ず1つ作られます。ここでは新規にイベントを作成してクリップをまとめてみましょう。

▶イベントを作成する
❶「ファイル」メニューの「新規イベント」を選択します。または、ライブラリの空いている場所を右クリックし、表示されるメニューから「新規イベント」を選択します。

❷ **作成するイベント名を入力し、イベントを作成するライブラリを選択します。**

ここでは「音楽」というイベントを作成しました。
なお、「新規プロジェクトを作成」にチェックを入れると、イベント内に「名称未設定」のプロジェクトが作成されます。

▶ 作成したイベントにクリップを移動する

イベント「音楽」に既存のイベントからクリップを移動してみましょう。移動したいクリップがあるイベントを選択し、移動するクリップを選択してイベント「音楽」にドラッグします。

選択したクリップをイベント「音楽」にドラッグ

イベント「音楽」にクリップが移動しました。イベントを開くとクリップが移動しているのがわかります。この例のようによく使う音楽や効果音などをイベントにまとめておくと、いつでも取り出せて便利です。

イベント「音楽」にクリップが移動した

▶イベントの名称を変更する

イベントを選択し、キーボードのreturnキーを押すと名称を変更できます。

▶複数のイベントをまとめる

まとめたいイベントを選択し、「ファイル」メニューの「イベントを結合」を選択すると、イベントが1つになります。
このとき、一番上のイベントに他のイベント内のクリップやプロジェクトはまとめられます。

▶イベントを削除する

❶ イベントを選択し、「ファイル」メニューの「イベントをゴミ箱に入れる」を選択します。またはイベントを右クリックし「イベントをゴミ箱に入れる」を選択します。

❷ 図のような警告が表示されます。「続ける」をクリックするとイベントが削除されます。

イベント内に読み込んだクリップも同時に削除されるので注意してください。

Section 03 Project

Final
Cut
Pro
Guidebook

プロジェクトを作成する

読み込んだクリップを編集するためのプロジェクトを作成しましょう。プロジェクトを開くとタイムラインが表示されます。

プロジェクトを作成する

Final Cut Proではプロジェクトのタイムラインで編集作業を行います。ライブラリ内に新規にプロジェクトを作成してみましょう。

▶ 新規にプロジェクトを作成する

ライブラリ内のイベントにプロジェクトを作成します。

❶ サイドバー内の空いている部分を右クリックし、表示されるメニューから「新規プロジェクト」を選択します。または「ファイル」メニューの「新規プロジェクト」を選択します。

❷ 「プロジェクト名」は作品名や場所など好みの名称を設定します。

ここでは「編集の練習」という名称にしました。

❸ イベントのプルダウンメニューからプロジェクトを作成するイベントを選択したら「OK」をクリックします。

このとき、編集するクリップとプロジェクトの設定が異なる場合は「カスタム設定を使用」を選択し、プロジェクトの設定画面(P.044)に進みます。

イベント内にプロジェクト「編集の練習」が作成されました。まだクリップを編集していないので、サムネールは黒いままです。

▶ プロジェクトを開く

作成したプロジェクトをダブルクリックするか、プロジェクトを右クリックして表示されるメニューから「プロジェクトを開く」を選択すると、タイムラインが表示されます。

タイムラインはプロジェクトの中身を表示したものです。タイムラインの中心にある黒い帯を「基本ストーリーライン」と呼びます。この「基本ストーリーライン」にクリップを並べて編集を進めていきます。

タイムライン

▶ プロジェクトを複製／削除する

プロジェクトを右クリックし、表示されるメニューから「プロジェクトを複製」を選択すると、プロジェクトを複製できます。

また、「プロジェクトのスナップショットを作成」を選択すると、複製時の日時を付けて保存できます。編集の途中で迷ったり、異なるバージョンを残したいときには複製をしておくとよいでしょう。

プロジェクトを削除する

不要なプロジェクトを削除するには、目的のプロジェクトを右クリックし、表示されるメニューから「ゴミ箱に入れる」を選択します。

▶POINT◀ プロジェクトの保存

Final Cut Proのプロジェクトはライブラリ内に自動保存されます。アプリケーションを終了すると、終了時の編集内容がプロジェクトに保存されます。

MEMO ●●●●●●●

▶ いざというとき頼りになるライブラリのバックアップ

Final Cut Proのライブラリはバックアップが定期的に保存されています。バックアップのライブラリは、「ファイル」メニューの「ライブラリを開く」→「バックアップから」で開くことができます。
復元したいバックアップの時間を選択するとライブラリが開き、その時点のプロジェクトで編集することができます。過去のプロジェクトを開きたい場合はライブラリのバックアップを使ってみるとよいでしょう。

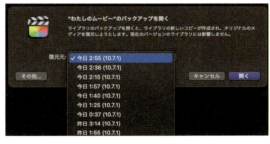

プロジェクトを設定する

プロジェクトの作成時に何も設定しないでおくと、最初にタイムラインに置いたクリップの設定が適用されます。つまり、クリップの設定にプロジェクトも合わせて設定されるわけです。初級者の場合は、特に設定を変更せずにプロジェクトを作成し、編集したほうがミスもなく簡単です。
「カスタム設定」はプロジェクトのサイズやフレームレートを設定してから編集する場合に用います。ここでは「カスタム設定」の設定項目について解説します。

▶ プロジェクトの「カスタム設定」

プロジェクトの作成時に画面左下にある「カスタム設定を使用」を選択します。

新規プロジェクト作成のウインドウへ（次ページ）

新規プロジェクトのカスタム設定

「ビデオ」の「フォーマット」

カスタム設定の各項目

「プロジェクト名」
任意の名称を入力します。

「イベント」
プロジェクトを作成するイベントを選択します。

「開始タイムコード」
タイムラインの開始点のタイムコードを任意の値に設定します。

　「ドロップフレーム」：チェックを入れると、実際の経過時間にあわせたタイムコード（時：分：秒：フレーム）を設定します。多くのビデオカメラで撮影した動画やテレビ番組はドロップフレームです。
　チェックを外すと、連続したタイムコードを設定します。実際の経過時間とは若干のずれが生じます。この設定を「ノンドロップフレーム」といいます。CG動画などではノンドロップフレームが設定されています。

「ビデオ」
　「フォーマット」：編集する動画フォーマットを選択します。iPhoneなどで縦構図で撮影した場合は「縦」を選択します。
　「解像度」：動画フォーマットに合わせた解像度を選択します。
　「レート」：フレームレート（1秒あたりのフレーム数）を設定します。

「レンダリング」
編集中のレンダリング（描画）の設定をします。

　「コーデック」：編集作業時のコーデック（描画方式）を選択します。通常は「Apple ProRes 422」を選択します。
　「色空間」：プロジェクトが使う色空間を設定します。通常は「標準：Rec.709」が設定されています。ライブラリのプロパティで「色処理：Wide Gamut」を選択すると広色域「Rec. 2020」を選択できるようになります。

「オーディオ」
プロジェクトのオーディオ仕様を設定します。初期設定では「チャンネル」→「ステレオ」、「サンプルレート」→「48kHz」に設定されています。

▶プロジェクトの設定を後から変更する

プロジェクトの設定は後から変更できます。ただし、フレームレートは変更できないので注意しましょう。

❶ イベント内のプロジェクトを選択し、「インスペクタ」ボタンをクリックします。
❷ 「情報」インスペクタを選択し、「変更」をクリックします。
❸ 設定ウインドウが表示されるので、各種設定を変更し、「OK」をクリックします。

クリップを再生する

ビューアでクリップを再生して編集で使う範囲を決めましょう。Final Cut Pro ではさまざまな方法でクリップをプレビューできます。

▶クリップの再生方法

クリップの再生方法をまとめておきます。

ビューアの「再生／停止」ボタン

ブラウザ内のクリップを選択すると、ビューアに画面が表示されます。ビューア下の▶ボタンを押すと再生がスタートし、再度押すと停止します。

キーボードでの再生コントロール

キーボードのスペースキーを押すと再生し、再び押すと停止します。「→」キーでコマ送り、「←」キーで逆コマ送りとなります。
また、「J」「K」「L」キーを使うと、細かく再生をコントロールできます。慣れてくると便利な再生方法です。

再生コントロールのショートカット

キー	動作
「L」キー	再生（「L」キーを押すたびに倍速で再生）
「K」キー	停止
「J」キー	逆再生（「J」キーを押すたびに倍速で逆再生）
「K」+「L」キー	微速度再生
「K」+「J」キー	微速度逆再生

フルスクリーンの再生コントロール

ビューア右下の「フルスクリーン」ボタン（または「表示」メニューの「再生」→「フルスクリーンで再生」）をクリックすると全画面で再生できます。画面下端にカーソルを移動させると、再生コントロールが表示されます。

「フルスクリーン」の再生コントロール　　フルスクリーン解除　　　フルスクリーン表示

スキミング再生

クリップ上でカーソルを左右に動かすと、カーソルの動きにあわせてビューアで再生されます。スキミング中は赤い再生ヘッド（スキマー）が表示されます。スキミング再生はタイムラインでも有効です。
スキミング再生のオン／オフはメニューから「表示」メニューの「スキミング」で切り替えられます。

クリップ上でカーソルを動かすとビューアで再生される

▶使う範囲を設定する

クリップの中で編集で使う範囲を決めます。

❶ **クリップを選択すると黄色い枠が表示されます。この枠は選択範囲を示しています。**

黄色い枠は選択範囲を示す

❷ **枠の左右をマウスでドラッグします。クリップの使い始めから使い終わりの範囲を設定できます。**

タイムラインで細かく調整できるのでここではおおまかで大丈夫です。
なお、クリップの選択範囲を解除するには「マーク」メニューの「選択範囲を解除」を選択します。

境界をドラッグして使い始め／終わりを設定する

使い始め（イン点） 使い終わり（アウト点）

▶POINT◀

クリップの使いはじめの箇所を「イン点」、使い終わりの箇所を「アウト点」と呼びます。範囲の選択はクリップを再生し、「I」キー（イン点を設定）と「O」キー（アウト点を設定）で設定することもできます。慣れてきたらスペースキーで再生し、「I」キーと「O」キーで設定を進めていくと作業が速くなります。

▶POINT◀

ブラウザ内のクリップを連続して再生したい場合は、「クリップアピアランス／フィルタ」を開き、「連続再生」にチェックを入れておきます。撮影した素材をまとめてプレビューしたいときに使うと便利です。

クリップアピアランス／フィルタ

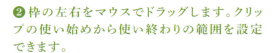

SECTION 03 プロジェクトを作成する

047

Section 04 Editing

カット編集／クリップをつなぐ

Final Cut Pro Guidebook

ブラウザからクリップを切り出して「タイムライン」に並べていきましょう。これを「カット編集」と呼びます。最も基本的な編集方法です。

■「カット編集」でクリップをつなぐ

プロジェクトの「タイムライン」にクリップを並べていきましょう。この段階では、クリップのつなぎ目は多少粗くてもかまいません。微調整はあとから行うことができます。

▶タイムラインにクリップを配置する

ブラウザでクリップの使う範囲を決めたら、タイムラインにクリップを配置しましょう。

❶ ブラウザからクリップをタイムラインにドラッグします。

クリップは自動的にタイムラインの左端に置かれます。

❷「再生ヘッド」を左右に動かすとビューアで内容が再生されます。

クリップをドラッグして配置　　再生ヘッド　　ビューアで再生される

❸ タイムラインに配置されたクリップの右端をドラッグすると、タイムライン上のクリップの終了点(使い終わりの箇所)を調整できます。

クリップの終了点を変える

▶ クリップをつなげる

❶ ブラウザでクリップを選択し、タイムラインに置いてあるクリップの右隣に置くか、「編集」メニューの「ストーリーラインに追加」を選択します。

右側のクリップは自動的に左詰めでぴったりとタイムライン上のクリップにつながります。2つのクリップの間を再生すると、ビューアで連続してプレビューできます。

❷ クリップ間のつなぎ目をドラッグすると、タイミングを調整できます。

クリップのつなぎ目を調整

❸ 3つ目のクリップをつなげます。手順❶と同様に、ブラウザからクリップをドラッグして、タイムラインのクリップの右隣に置きます。

このように、ブラウザからクリップを選び、タイムラインに並べていくことを「カット編集」と呼びます。

Column
「追加」ボタンを活用しよう

Q: タイムラインの上にある「追加」ボタンを使うと早くつなげられるんですよね。

A: お、すばらしい。そのとおりです。「追加」ボタンを使うと、クリップをドラッグしなくてもタイム

ラインの最後のクリップにつなげられるんです。ショートカットキーはキーボードの「E」です。また、「上書き」ボタン（ショートカットキーは「D」）も便利です。タイムラインの再生ヘッドの位置からクリップを上書きできます。

Q: なるほど。タイムラインのここから次のクリップを入れたいな、と思ったら「D」キーを押せばよいのですね。

そのほかに「挿入」と「接続」のボタンもありますね。

A: はい。「挿入」は選択したクリップを再生ヘッドの位置に挿入するボタンです。「上書き」とは異なり、タイムライン上のクリップは再生ヘッドの位置で前後に分割されます。

「接続」は選択したクリップをタイムライン上のクリップに「接続」するボタンです。詳しくはP.117「クリップを接続する」を参照してください。

タイムラインではクリップは互いにぴったりくっつくように自動的に左に詰めて配置されるので、特に「つなぐ」という操作は必要ありません。タイムラインに並べれば自動的にクリップはつながります。この機能をApple社では「マグネティックタイムライン」と呼んでいます。

▶POINT◀
タイムラインが狭くなったら「クリップのアピアランス」で表示範囲を拡大／縮小しましょう。タイムライン右上の「クリップのアピアランス」をクリックし「タイムラインのズームレベル」のスライダーで表示範囲を調整します。

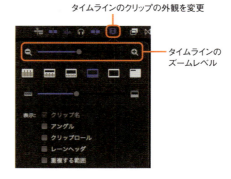

クリップの基本操作

タイムラインに置いたクリップは、使用する範囲を簡単に調整できます。また、「ブレード」ツールで切り分けたり、複製もできます。クリップの基本操作を学んで、自在に編集できるようになりましょう。

▶クリップの長さを変える

クリップの長さを変えてみましょう。マウスの操作で簡単に調整できます。

❶ クリップの右端にマウスを移動させると、矢印から図のような表示に変わります。これを「トリムアイコン」といいます。この状態で左右にドラッグすると、クリップを伸ばしたり、縮めたりできます。

❷ ドラッグ中は、クリップの現時点の長さと変更前からの差分が「秒：フレーム」で表示されます。たとえばあと2秒伸ばしたい、クリップの長さを10秒ジャストにしたい、というときに目安になります。

同様にクリップの左端でドラッグすると、クリップの開始点が変更されます。

❸ クリップの端が赤色表示になるとクリップの限界です。それ以上は元の素材がないことを示しています。

▶POINT◀ 操作を取り消したいときは?
実行した操作は、「編集」メニューの「取り消し」で実行前の状態に戻せます。ショートカットキーはcommand+「Z」キーです。ライブラリを開いたところまで段階を追って取り消すことができます。

赤い線はそれ以上元の素材がないことを示している

▶クリップを切り取る

「ブレード」ツールを使うとクリップを切り取ることができます。

❶「ツール」ポップアップメニュー（P.059）から「ブレード」（ショートカットは「B」キー）を選択します。

❷ クリップ上の切り取りたい箇所でクリックします。

❸ クリップが2つに分かれます。分割したクリップはそれぞれ別個のクリップとして、サイズを変えたりエフェクトを設定できます。

クリップが分割された

▶POINT◀
ショートカットの「B」キーを長押しをすると、押している間だけ「ブレード」ツールになります。そのままツールを使い、「B」キーを放すと「選択」ツールに戻ります。「ツール」ポップアップメニューのほかのツールも同様です。

▶ クリップを移動する

タイムライン上のクリップの位置を移動させてみましょう。「位置」ツールを使うと、クリップをタイムラインの任意の位置に移動できます。

❶「ツール」ポップアップメニューから「位置」(ショートカットは「P」キー)を選択します。

❷ クリップを選択し、右にスライドさせるとクリップが移動します。

2つのクリップの間には「ギャップ」というクリップが自動的に作成されます。「ギャップ」は隙間を埋めるための中身のないクリップです。

ギャップは、通常のクリップと同様に伸縮できます。初期設定では、黒画面と無音が再生されます。

ギャップ　クリップを右に移動

▶ クリップを複製する

クリップをコピー&ペーストで複製してみましょう。なお、カット&ペーストすれば移動になります。

❶ クリップを選択し、「編集」メニューの「コピー」(ショートカットはcommand+「C」キー)を選びます。

❷ 再生ヘッドを移動し、クリップを複製する位置を決めます。

再生ヘッドを複製位置に合わせる

クリップを選択してコピー

❸「編集」メニューの「ペースト」(ショートカットはcommand+「V」キー)を選びます。

再生ヘッドの位置にクリップが複製されます。間には「ギャップ」が作成されます。

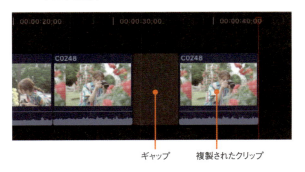

ギャップ　複製されたクリップ

❹ 今度は再生ヘッドを既存のクリップの間に置いて複製してみます。

クリップの間に再生ヘッドを置く

❺ この位置で「ペースト」すると、複製したクリップが既存のクリップの間に挿入されます。

クリップの間に挿入される

▶POINT◀ ドラッグによる「クリップの複製」
クリップはoptionキーを押しながらタイムライン上をドラッグしてもコピーできます。

▶クリップを並べ替える

タイムラインでクリップを移動すると、自動的に他のクリップがずれていきます。このためクリップの並べ替えが一回の操作で行うことができるので便利です。クリップを並べ替えてみましょう。

❶ 図のように左から「clip1」「clip2」「clip3」とクリップが並んでいます。「選択」ツールを使って右端の「clip3」を選択し、左にドラッグします。

「選択」ツールでクリップを移動

❷「clip1」「clip2」が押し出されるように右に移動します。「clip3」を左端でドロップすると、クリップの順番は「clip3」「clip1」「clip2」に並べ替わります。

マウスで移動したクリップ　　押し出されて移動したクリップ

▶ クリップを移動して上書きする

クリップを移動して並べ替えるのではなく、既存のクリップ上に移動して上書きすることもできます。それには「位置」ツールを使います。前述と同じ例で説明しましょう。「ツール」ポップアップメニューから「位置」を選択して、右端のクリップを選択し、左にドラッグします。「clip3」の長さに合わせて「clip1」と「clip2」が上書きされます。「clip3」が移動する前の場所には「ギャップ」が作成されます。

▶ クリップを削除する

タイムラインにあるクリップを削除するには、クリップを選択してdeleteキーを押します。前述と同じ例で説明しましょう。中央の「clip2」を選択し、deleteキーを押します。または「編集」メニューの「削除」を選択します。すると「clip2」が削除され、右側の「clip3」が自動的に左に詰めて「clip1」の右隣に移動します。

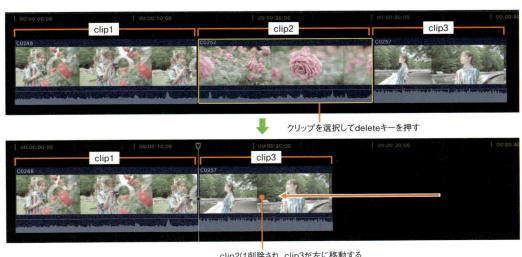

▶POINT◀
タイムラインのクリップを削除しても、ライブラリにあるクリップが削除されるわけではありません。何度でもタイムラインで使うことができます。

▶クリップの音量を変える

クリップを横に横断するラインは、クリップの音量を示しています。ドラッグすると上下に動かせます。ラインを上端まで上げると音量が最大になります。音を表す波形も大きくなっているのがわかります。ラインを下端まで下げると無音になります。このようにラインを上下させることで、好みの音量に調整できます。さらに細かく音量を調整したい場合はP.154「オーディオを調整する」を参照してください。

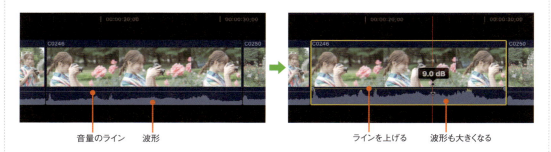

音量のライン　波形　　　　　　　ラインを上げる　波形も大きくなる

タイムラインのインターフェイス

タイムラインのインターフェイスについてまとめておきましょう。タイムラインはプロジェクトのワークスペースで編集作業を行う場所です。周囲には作業に使うさまざまなツールがまとめられています。

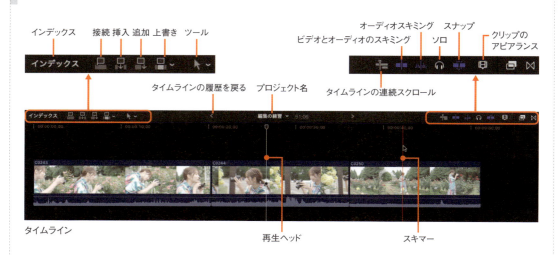

クリップはフィルムのコマを上から見下ろしたような「フィルムストリップ」という形で表示されています。Final Cut Proのタイムラインでは、時間は左から右に向かって流れます。

▶ クリップの再生

タイムラインには白色の縦線で再生ヘッドが表示されています。再生ヘッドの動きにあわせて、タイムライン上のクリップがビューアに表示されます。再生ヘッドは、次のいずれかを用いて操作します。

- 再生ヘッドをマウスでドラッグする
- ビューアの再生／停止ボタンを使う
- スペースキーで再生／停止を行う
- 「J（逆再生）」「K（停止）」「L（順再生）」キーを用いた再生

スキミングのオン／オフ

スキミングの再生位置を表す「スキマー」は、赤色の縦線で表示されます。マウスですばやくプレビューできる「スキミング再生」は便利ですが、いちいち再生されるのが煩わしいと感じることもあるでしょう。「ビデオとオーディオのスキミング」ボタンではスキミングのオン／オフを切り替えられます。また「オーディオスキミング」ボタンではスキミングの際の音声のみをオフにできます。

ソロ

クリップを選択し「ソロ」ボタンを押すと、選択したクリップの音声のみが再生されます。たとえば、音楽を重ねているシーンで、セリフだけ聴きたいときなどに使うと便利です。

▶ タイムラインのスナップ機能

「スナップ」ボタン

再生ヘッドやクリップをマウスで移動させたとき、編集点（カットのつなぎ目）やマーカーでぴったり止まるようにガイドします。

▶ 「クリップのアピアランス」

タイムライン上にあるクリップのサイズや表示範囲を調整するためのウインドウです。

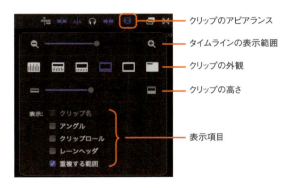

タイムラインの表示範囲

タイムラインの表示範囲をスライダーで調整します。「ツール」ポップアップメニューにある「拡大／縮小」と同じ機能です。タイムラインの「拡大／縮小」はショートカットキーを使うと便利です。

- command+「+」キー：拡大
- command+「-」キー：縮小

クリップの外観
クリップの表示スタイルを選択します。

クリップの外観：映像表示のみ

クリップの外観：音声表示のみ

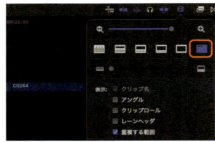
クリップの外観：ラベル表示のみ

クリップの高さ
クリップの縦方向の表示サイズを調整します。

表示項目
クリップの上部に表示する項目を選択します。マルチアングルでの「アングル」や「ロール」などを表示できます。

Column

「重複する範囲」ってなに？

Q:「表示」の項目にある「重複する範囲」とは何ですか？

A: これはFinal Cut Pro 10.7から加わった機能の1つで、タイムライン上で重複しているクリップがわかるように斜線が表示されます。

Q: 重複しているクリップ？

A: そうです。たとえばこの例のように、クリップの同じ箇所が使われているとクリップの上部に斜線が表示されます。同じようなアングルのカットを多く撮影している場合に、二重使用を避けることができます。

Q: なるほど。使い回しをしないための目印なのですね。

▶ エフェクトブラウザ

ぼかしを加える「ガウス」や、色の調整を行う「カラーボード」など、各種のエフェクトが収められています。

▶ トランジションブラウザ

画面が徐々に切り替わる「クロスディゾルブ」など、各種のトランジションが収められています。

▶ 「ツール」ポップアップメニュー

編集作業に必要なツールがまとめられています。デフォルトでは「選択」が設定されています。

ツール	機能
選択	クリップを単独または複数まとめて選択する
トリム	クリップを伸縮し、使用する時間を変更する
位置	クリップをタイムライン上で移動する
範囲選択	クリップの使用範囲を設定する
ブレード	クリップを前後に切り分ける
ズーム	タイムラインの表示範囲を拡大する（optionキーを押しながら縮小）
ハンド	タイムラインの表示範囲を前後に移動する

▶ 「接続」「挿入」「追加」「上書き」ボタン

ブラウザ内のクリップをタイムラインに配置するときに使います。「追加」ボタンでは選択したクリップをタイムライン上のクリップの最後に並べます。「接続」「挿入」「上書き」は、再生ヘッドの位置にクリップをそれぞれの方法で配置します（P.050「Column「追加」ボタンを活用しよう」も参照）。

▶ タイムラインインデックス

「インデックス」ボタンをクリックすると、タイムラインインデックスが開きます。タイムラインインデックスではタイムライン上のクリップをリストで表示します。クリップ名をクリックすると、該当するクリップの先頭に再生ヘッドが移動します。
このほか「ロール」を使ったクリップの仕分け方法についてはP.232「タイムラインインデックス」で解説します。

「インデックス」ボタン

クリップを選択すると再生ヘッドが移動する

タイムラインインデックス

▶ タイムラインのスクロール

タイムラインを拡大すると、表示範囲を左右にスクロールする必要が生じます。最も一般的なスクロール方法は、拡大時にタイムライン下に表示されるスクロールバーを左右に動かす方法です。
そのほか、下記の方法があります。

- shiftキーを押しながらマウスのホイールを動かす
- トラックパッドがある場合は2本指でスクロールする
- 「ハンド」ツールを使って左右にドラッグする

スクロールバーを左右に動かす

「ハンド」ツールでドラッグ

▶POINT◀ タイムラインの「連続スクロール」を活用しよう！

Final Cut Pro 10.8から「連続スクロール」ボタンがタイムラインに加わりました。これは再生中にタイムラインが自動的にスクロール表示されるものです。再生ヘッドの位置を中心に表示範囲が変わるので、スクロールバーを左右に動かす手間が省けて便利です。

Section 05
Trim clips

Final
Cut
Pro
Guidebook

トリム編集／クリップの長さを変える

カット編集でクリップをまとめたら、つなぎ目を調整しましょう。つないだクリップの端を少しずつ刈り込んだり、伸ばしたりする作業を「トリム編集」といいます。

カットのつなぎ目を「編集点」と呼びます。「トリム」ツールを使うと、編集点をスムーズに調整できます。ここではトリムを用いた「リップル編集」「ロール編集」「スリップ編集」「スライド編集」、さらに細かく調整したいときに便利な「詳細編集」について解説します。

▎リップル編集

「リップル編集」は最もシンプルにクリップをトリミングする手法です。以下の例ではタイムライン上に2つのクリップが並んでいます。左側のクリップを「先行クリップ」、右側のクリップを「後続クリップ」と呼ぶことにします。2つのクリップのつなぎ目を「編集点」と呼びます。

▶ 先行クリップのアウト点を変更する

先行クリップのアウト点、つまり使い終わりの箇所を調整してみましょう。

❶「選択」ツールでクリップの編集点から少し左の部分にマウスを合わせます。ツールが「トリムアイコン」に変わります。

❷ このまま左にドラッグすると、先行クリップの長さが短くなります。それにあわせて後続クリップが引きずられるように前に移動します。

先行クリップのアウト点が変わる　　後続クリップのイン点は変わらない

❸ 右にドラッグすると、先行クリップが長くなり、それにあわせて後続クリップも押し出されるように移動します。このようにして先行クリップのアウト点を調整します。

▶POINT◀　1フレームずつ編集点を変える
キーボードの「,」キーで1フレームずつ前方に、「.」キーで1フレームずつ後方に編集点が移動します。「トリム」メニューの「細かく左に」または「細かく右へ」と同じです。

▶ 後続クリップのイン点を変更する

次に、後続クリップのイン点、つまり使い始めの箇所を変更してみましょう。「選択」ツールを編集点から少し右の部分に合わせて、前述の先行クリップのアウト点を変更したときと同じように、左右にドラッグすると後続クリップのイン点(開始点)が変わります。
このように「リップル編集」ではクリップのアウト点とイン点を交互に確認しながら編集していきます。

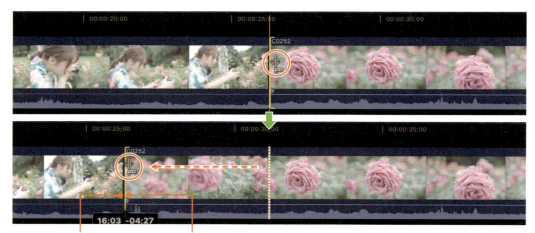

先行クリップのアウト点は変わらない　　後続クリップのイン点が変わる

▶再生ヘッドに合わせてトリムする

クリップのイン点とアウト点は再生ヘッドの位置を基準にして変更できます。

❶ **クリップのイン点にしたい位置に再生ヘッドを合わせます。**
❷ **「トリム」メニューの「トリム開始点」を選択します。**

クリップの冒頭部分が切り詰められ、再生ヘッドの位置が新たなイン点になります。

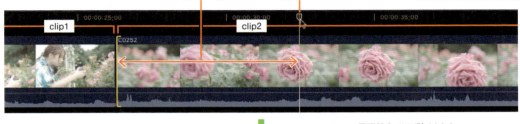

❸ **クリップのアウト点を変更する場合は同様にして「トリム終了点」を選択します。**

MEMO ●●●●●●

▶「範囲選択」ツールでトリム編集

「範囲選択」ツールでもトリム編集ができます。「範囲選択」ツールで範囲を指定し、「トリム」メニューの「選択部分をトリム」で指定した範囲にクリップが切り詰められます。また、deleteキーを押すと、指定した範囲が削除されます。

ロール編集

「ロール編集」では「リップル編集」で交互に行っていたイン点とアウト点の変更を同時に行います。前後のカットで動きのタイミングは合っているが、編集点を調整したいときに使うと便利です。

▶編集点を前後にロールする

❶ **「ツール」ポップアップメニューから「トリム」を選択します。**

❷「トリム」ツールを編集点に合わせて左右にドラッグすると、先行クリップのアウト点と後続クリップのイン点が連動して変わります。

動きのタイミングは変えずに編集点だけを前後に変更していることになります。この手法を「ロール」といいます。

編集点（先行クリップのアウト点と後続クリップのイン点が連動する）

▶ 数値を指定して編集点をロールする

❶「トリム」ツールで編集点をクリックします。

❷ 後方にロールする場合は「＋」キー（キー配列によっては「＾」キー）、前方にロールする場合は「−」キーを押し、ロールするタイムコードの数値を入力します。

❸ returnキーで確定します。

たとえば、1秒遅らせる場合は「＋」「1」「0」「0」とタイプします。タイムコード欄に「＋1.00」と数値が表示されます。

ビューア下部のタイムコード欄　　ロール表示

▶ 再生ヘッドに合わせて編集点をロールする

編集点を変えたい位置に再生ヘッドを移動して、「トリム」メニューの「編集を拡張」を選択すると、再生ヘッドのある位置に編集点が移動します。

Column

ツーアップ表示を活用しよう

リップル編集やロール編集では、先行クリップのアウト点と後続クリップのイン点を、ビューアに同時に表示できます。これを「ツーアップ表示」といいます。ツーアップ表示にするには「Final Cut Pro」メニューの「設定」を選択すると表示されるウインドウで「編集」パネルを表示し、「タイムライン」の「詳細なトリミングフィードバックを表示」にチェックを入れます。

ツーアップ表示　　先行クリップ　　後続クリップ

スリップ編集

「スリップ編集」は前後のクリップの間にあるクリップのイン点とアウト点をずらす手法です。クリップの長さは決まっているが、使う範囲を調整したいときに使うと便利です。

▶クリップの使用範囲をスリップさせる

以下の例では、タイムラインに3つのクリップがあります。中央のクリップの使う範囲を変えてみましょう。

❶「ツール」ポップアップメニューから「トリム」を選択します。

❷中央のクリップの中央付近を選択します。

図のような表示になります。

❸そのまま左右にドラッグすると中央のクリップのイン点とアウト点を同時に調整できます。

この手法を「スリップ」といいます。

中央のクリップのイン点とアウト点が変わる

▶数値を指定してスリップする

❶「トリム」ツールでスリップするクリップを選択します。

❷後方にスリップする場合は「＋」キー（キー配列によっては「＾」キー）、前方にスリップする場合は「－」キーを押し、スリップするタイムコードの数値を入力します。

❸returnキーで確定します。

たとえば、2秒早める場合は「－」「2」「0」「0」とタイプします。タイムコード欄に「－2.00」と数値が表示されます。

ビューア下部のタイムコード欄

スリップ表示

■ スライド編集

「スライド編集」はクリップの間に挟まれたクリップの位置を前後にずらす手法です。クリップの再生位置が移動するとともに、先行クリップのアウト点と後続クリップのイン点が変わります。

▶ クリップの位置をスライドさせる

3つのクリップのうち、中央のクリップの位置をスライドさせてみましょう。

❶「ツール」ポップアップメニューから「トリム」を選択し、optionキーを押しながらスライド編集を行うクリップを選択します。

図のような表示になります。

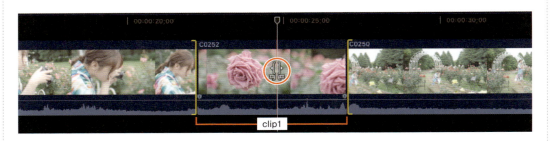

❷ ドラッグするとタイムライン上のクリップがスライドします。それにあわせて前後のクリップのアウト点とイン点も変わります。

この手法を「スライド」といいます。

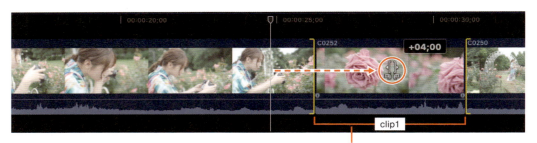

clip1が移動し、両側のクリップのアウト点とイン点が変わる

▶ 数値を指定してスライドする

❶ optionキーを押しながら「トリム」ツールでスライドするクリップを選択します。

❷ 後方にスライドする場合は「＋」キー（キー配列によっては「＾」キー）、前方にスライドする場合は「－」キーを押し、スライドするタイムコードの数値を入力します。

❸ returnキーで確定します。

たとえば、イン点を3秒早める場合は「－」「3」「0」「0」とタイプします。タイムコード欄に「－3;00」と数値が表示されます。

ビューア下部のタイムコード欄

スライド表示

詳細編集

「詳細編集」では先行クリップと後続クリップが並べて表示されるので、編集点を一目で把握できます。リップルとロールの2つの機能が組み合わさったウインドウが詳細編集といえるでしょう。

▶詳細編集を開く

「選択」ツールか「トリム」ツールでクリップの編集点をダブルクリックします。または、「表示」メニューの「詳細編集を表示」をクリックします。

編集点をダブルクリック

詳細編集が開きます。上の段が先行クリップ、下の段が後続クリップになります。
クリップの使っていない箇所は暗い表示になっています。
クリップのつなぎ目は「編集線」として縦に白いラインで表示されており、編集線の中央には移動可能な「ハンドル」があります。

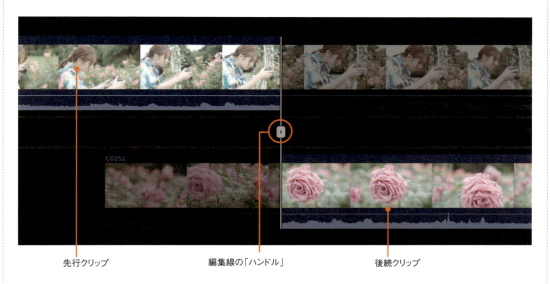

先行クリップ　　編集線の「ハンドル」　　後続クリップ

▶POINT◀

詳細編集はキーボードのescキーで閉じることができます。あるいは編集線のハンドルをダブルクリックしても閉じることができます。

SECTION 05　トリム編集／クリップの長さを変える

▶ リップル編集を行う

詳細編集でリップル編集をしてみましょう。

❶ 先行クリップの端をドラッグすると、編集線が移動し、先行クリップのアウト点が変わります。

❷ 今度は先行クリップの任意の部分をそのままドラッグしてみましょう。ツールがハンドアイコンに変わり、編集線は動かずに先行クリップが左右に移動します。

これも同じリップル編集で、先行クリップのアウト点が変わります。後続クリップも同様にしてイン点を変更できます。

ハンドアイコン

▶ ロール編集を行う

詳細編集でロール編集をしてみましょう。編集線の中央にあるハンドルを左右にドラッグすると、先行クリップのアウト点と後続クリップのイン点が同時に移動します。
このように、詳細編集ではリップル編集とロール編集を1回のオペレーションで行うことができるのです。

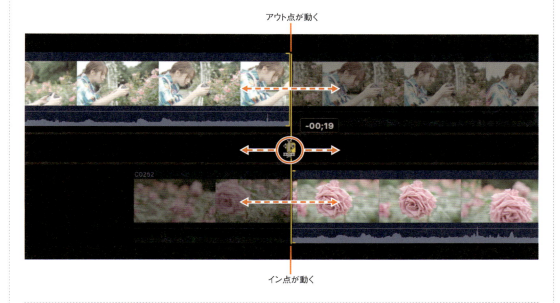

▶ 別の編集点に移動する

詳細編集では編集線のハンドルをクリックすると別の編集点に移動し、作業を続けることができます。このように、カット編集でざっくりと編集したら、詳細編集で細かくタイミングを調整する、という作業の流れを作ることができます。

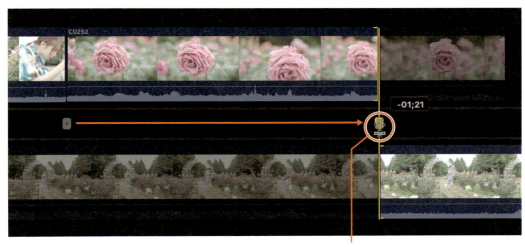

ビューアの操作と設定

ブラウザやタイムラインのクリップを再生するとビューアで内容が表示されます。このSectionの最後にビューアの機能についてまとめておきます。

▶ ビューアのインターフェイス

▶ クリップの表示サイズを変える

画面右上にあるポップアップメニューから表示サイズを選択できます。「合わせる」を選択するとビューア内の最大サイズで表示されます。
画面がビューアの範囲を超えると、表示範囲が赤枠のガイドで表示されます。このガイドをドラッグすると表示範囲を変更できます。

赤い枠をドラッグして表示範囲を調整

SECTION 05 トリム編集／クリップの長さを変える

▶ ビューアの表示品質を変える

再生時に動画の処理に負担がかかり、コマ落ちするなどうまく再生できない場合は、表示品質を落とすことでスムーズな再生を試みることができます。

再生パフォーマンスを設定する

「表示」ポップアップメニューの「品質」から「パフォーマンス優先」を選択します。画質は少し落ちますが、よりなめらかに再生できます。

プロキシメディアを使う

再生するクリップをビットレートを抑えたプレビュー専用の「プロキシメディア」に差し替えることができます。

❶ まず、プロキシメディアを作成します。対象となるクリップを右クリックして、表示されるメニューから「メディアをトランスコード」を選択します。

071

❷表示されるダイアログの「プロキシメディアを作成」にチェックを入れ、「OK」をクリックすると、バックグラウンドでトランスコードが始まります。

❸プロキシメディアが作成されたら、ビューアの「表示」ポップアップメニューの「メディア再生」から「プロキシ優先」を選択します。

トランスコード処理が済んだクリップは「プロキシメディア」で再生されます。4K映像やマルチカム編集などでは、プロキシメディアを作成しておくとスムーズに編集できます。

▶POINT◀
プロキシメディアで編集した場合は、最後に「表示」ポップアップメニューの「メディア再生」から「最適化/オリジナル」を選択して、品質の良い状態に戻しておきましょう。これを行わないと、ムービーを書き出したときにプロキシメディアの画質で書き出されてしまいます。
なお、プロキシメディアに設定したエフェクトは「最適化/オリジナル」でもそのまま引き継がれます。

▶ オーバーレイを表示する
ビューアにはタイトルなどの位置を決める際のガイドラインを表示するオーバーレイ機能があります。

❶ビューアの「表示」ポップアップメニューの「オーバーレイ」から「タイトル/アクションのセーフゾーンを表示」を選択します。

黄色い枠がビューアに表示されます。外側が90%、内側が80%のエリア表示になります。

90%
80%

❷ ビューアの「表示」ポップアップメニューの「オーバーレイ」から「水平線を表示」を選択すると、画面に十字のガイドが表示されます。

十字のガイド

▶ カスタムオーバーレイ

あらかじめPhotoshopなどの画像ソフトで線を描画して作成した画像をガイドとして表示できます。

❶「表示」ポップアップメニューの「オーバーレイ」から「カスタムオーバーレイを選択」→「カスタムオーバーレイを追加」で、ガイド画像を作成したファイルを選択します。

❷「オーバーレイ」の「カスタムオーバーレイを表示」を選択して、ガイド画像を表示します。

この例では16分割のガイドを表示しました。

▶ イベントビューアを使う

イベントビューアはブラウザ内にあるクリップ専用のビューアです。通常のビューアとイベントビューアを同時に表示することで、タイムラインのクリップとイベントのクリップを比べることができます。

イベントビューアを表示するには、「ウインドウ」メニューの「ワークスペースに表示」→「イベントビューア」を選択します。

イベントビューアが、通常のビューアの左に表示されます。通常のビューアに表示されているクリップにつなげるクリップを、イベントビューアでプレビューしながら探すことができます。

イベントビューア　　　　　　　　　　通常のビューア

Section 06 Export

Final Cut Pro Guidebook

プロジェクトを書き出す

編集がひと通りできたらプロジェクトを動画ファイルに書き出しましょう。ここではマスター用のMOV形式と、容量が軽く配布に適したMP4形式の作成方法を解説します。

「MOV形式」の動画ファイルを作成する

マスターとして「MOV形式」の動画ファイルを作成してハードディスクなどに保存しておきましょう。

❶ 次のいずれかの方法を用いて「ファイルを書き出す」ウインドウを表示します。

- プロジェクトを右クリックし、プルダウンメニューから「プロジェクトを共有」→「ファイルを書き出す（デフォルト）」を選択する

- プロジェクトを選択し、ツールバーの右上にある「共有」ボタンのポップアップメニューから「ファイルを書き出す（デフォルト）」を選択する

- プロジェクトを選択し、「ファイル」メニューの「共有」→「ファイルを書き出す（デフォルト）」を選択する

075

❷「ファイルを書き出す」ウインドウの「設定」パネルで、下記のように書き出す動画ファイルの設定を行い、「次へ」をクリックします。

- 「フォーマット」:「ビデオとオーディオ」
- 「ビデオコーデック」:「Apple ProRes 422」または「Apple ProRes 422HQ」
- 「操作」:「保存のみ」

❸ 任意の場所に名前をつけて保存します。
「MOV形式」の動画ファイルが書き出されます。

❹ 動画の書き出しが完了すると図のようなメッセージが表示されます。「表示」をクリックすると、書き出した動画ファイルがFinderで表示されます。

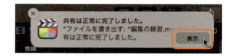

書き出したムービーファイルはQuickTime Playerで開くことができます。このマスターは高品質なため、MP4形式などの圧縮ファイルのオリジナル（原盤）として使うほか、編集用の素材としても使用できます。

▶POINT◀ ハードディスクの容量は十分に！
動画ファイルを書き出す際にはハードディスクの空きが十分にあることを確認しましょう。「設定」パネルの右下にはこれから作成するファイルの予想される容量が表示されます。

MP4形式の動画ファイルを作成する

MP4形式の動画ファイルは高圧縮率で汎用性も高いため、ファイル便などで知人に配布したり、動画サイトに投稿する目的に適しています。

❶MOV形式の書き出しと同様の手順で「Appleデバイス1080p」の設定ウインドウを表示します（プロジェクトの設定に応じて「Appleデバイス720p」または「Appleデバイス4K」を選択します）。

「共有」ボタン

- プロジェクトを右クリックし、プルダウンメニューから「プロジェクトを共有」→「Appleデバイス1080p」を選択する
- プロジェクトを選択し、ツールバーの右上にある「共有」ボタンのポップアップメニューから「Appleデバイス1080p」を選択する
- プロジェクトを選択し、「ファイル」メニューの「共有」→「Appleデバイス1080p」を選択する

この例ではプロジェクトを選択し、「共有」ボタンのポップアップメニューから「Appleデバイス1080p」を選択しています。

❷「Appleデバイス1080p」設定ウインドウから下記のように書き出す動画ファイルの設定を行い、「次へ」をクリックします。

- 「フォーマット」:「コンピュータ」
- 「ビデオコーデック」:「H.264シングルパス（高速）」または「H.264マルチパス（高品質）」
- 「解像度」:「1920×1080」
- 「操作」:「保存のみ」

❸任意の場所に名前をつけて保存すると、MP4形式の動画ファイルが書き出されます。
MacだけでなくWindows PCやスマホなど幅広いデバイスで視聴できます。

Column

YouTube用の動画フォーマットは？

Q:YouTubeなどに投稿する場合はどの設定にしたらよいのですか？

A:最も簡単な方法は「ソーシャルプラットフォーム」で書き出す方法ですね。「共有」ボタンのポップアップメニューから「ソーシャルプラットフォーム」を選択します。動画の品質は「Appleデバイス」と同じH.264形式で圧縮された動画ファイルとなります。拡張子は「.mov」です。書き出された動画ファイルをSafariなどのブラウザを使って投稿します。

Q:「X」などのSNSで投稿するときも同じですか？

A:そうですね。ただし、SNSによって動画のサイズや長さ、容量が決められていますので、お使いのプラットフォームの規定に合わせて書き出すようにしましょう。

> **F**inal
> **C**ut
> **P**ro
> Guidebook

第3章
中級編：映像効果、
文字、オーディオの設定

初級編では、タイムラインでのクリップの扱い方の基本を習得しました。
単純に映像を繋ぐだけでも、さまざまな手法があることがおわかりになったと思います。
さて、ここからは初級編で学んだことを生かして、編集でよく使うテクニックを紹介していきましょう。
中級編では、クリップにエフェクトを加えたり、トランジションや子画面表示、オーディオの調整方法、タイトルの表示方法など、実践的な手法をわかりやすく解説します。

Section 01 Effects

Final Cut Pro Guidebook

エフェクトを使う

映像を効果的に演出するためにエフェクトは欠かせません。Final Cut Proには、クリップを変形する、ぼかしを加える、色を修正するなど、さまざまなエフェクトがあり、多彩な映像表現を作成できます。

エフェクトにはクリップ付属の「内蔵エフェクト」とエフェクトブラウザに収録されている「クリップエフェクト」があります。クリップにあらかじめ付属しているエフェクトが内蔵エフェクトです。

内蔵エフェクトのうち、「変形」「クロップ」「歪み」の3つはビューア左下のプルダウンメニューにまとめられています。「変形」「クロップ」「歪み」を使って調整してみましょう。

「変形」「クロップ」「歪み」

「変形」でクリップを拡大する

「変形」はクリップのサイズ、位置、傾きを調整するツールです。「変形」を使ってクリップのサイズを拡大してみましょう。

この例では、クリップのサイズがビューアの表示エリアからはみ出してしまうため、あらかじめビューアの表示比率を「25%」など小さめのサイズに変更しておきます。

ビューアの表示比率を「25%」に変更

❶ ビューア左下にあるプルダウンメニューから「変形」を選択します。

ビューアにオンスクリーンコントロールが表示されます。

❷ クリップの四隅に「コーナーハンドル」、四辺に「サイドハンドル」が表示されます。ビューアの右上に表示される「オーバースキャン」ボタンをクリックしてオンにすると、はみ出した画像を表示できます。

「オーバースキャン」ボタン

オンスクリーンコントロール　　サイドハンドル　　コーナーハンドル

SECTION 01 エフェクトを使う

❸ ビューアに表示されているクリップの「コーナーハンドル」を外側の方向にドラッグすると、クリップが元のサイズより大きくなります。

このようにコーナーハンドルを使ってサイズを変えることができます。

❹ クリップの中央に表示されるハンドルを操作すると、クリップの傾きを変えることができます。

❺ ビューア内でクリップをドラッグすると、画面内での位置を変えることができます。
このようにクリップの表示範囲を修正することを「トリミング」といいます。

❻ 調整が終了したら「完了」ボタンを押します。クリップの枠線が表示されなくなります。

変形の解除

変形を解除して元の状態に戻すには、ビューアの右上に表示される「リセット」ボタンをクリックします。

「クロップ」で画面をトリミングする

「クロップ」はクリップの四辺を切り取るツールです。ここでは「変形」ではなく「クロップ」を使ったトリミングを紹介しましょう。

❶ **ビューア左下にあるプルダウンメニューから「クロップ」を選択します。**

クリップの周囲に枠が点線で表示されます。「変形」と同様にオンスクリーンコントロールが表示されます。また、ビューアの下には「トリム」「クロップ」「Ken Burns」の3つのボタンが表示されます。

❷ **3つのボタンの中央にある「クロップ」をクリックし、コーナーハンドルを操作して画面を切り取る範囲を設定します。**

「変形」では外側にドラッグしましたが、「クロップ」では内側にドラッグして調整します。

❸「完了」ボタンをクリックします。

設定した範囲に画面が切り取られ、同時にビューアの表示サイズに拡大して表示されます。

「トリム」と「Ken Burns」によるトリミング

トリミング機能には、「クロップ」のほかに「トリム」と「Ken Burns」の2つのツールがあります。「トリム」は、画面の四辺をドラッグして画面を切り取るツールです。背景を加えたり、他のクリップと組み合わせて2画面で表示したり、といった場合に使います。

トリム

「Ken Burns」では、クリップをゆっくりとズーミングするユニークなエフェクトを作成できます。写真やイラストで使うと効果的です。

この例では、緑色の枠内（開始）から赤色の枠内（終了）へと表示範囲を変化させる動きを設定しています。ちなみにKen Burnsとは、このズーミング効果を用いた映像作家の名前に由来しています。

Ken Burns

「歪み」で画面の歪みを調整する

「歪み」はクリップの4つの角を起点にして画面を変形させるツールです。

❶ ビューア左下にあるプルダウンメニューから「歪み」を選択します。

❷ クリップの周囲に枠が点線で表示され、オンスクリーンコントロールのハンドルが表示されます。四隅のハンドルをドラッグすると、画面が変形します。

「歪み」は傾いて撮影した素材や、レンズによる歪みを補正したいときなどに使うと便利です。

「ビデオインスペクタ」による数値指定

オンスクリーンコントロールではドラッグよる感覚的な操作ができますが、ビデオインスペクタでは数値による正確な調整を行うことができます。

▶「変形」「クロップ」「歪み」の設定項目

タイムライン上のクリップを選択し、右上の「インスペクタ」をクリックして「ビデオインスペクタ」タブを選択すると、ビデオ関連のエフェクトが表示されます。

ビデオインスペクタ

「変形」
　「位置」：画面におけるクリップの位置を「X軸（横方向）」と「Y軸（縦方向）」で設定します。
　「回転」：画面におけるクリップの傾きを角度で設定します。
　「調整」：クリップのサイズをスライダや数値で縮小／拡大できます。「X方向」で横方向のみ、「Y方向」で縦方向のみに伸縮することもできます。
　「アンカー」：「回転」における中心位置を「X」軸と「Y」軸で設定します。

「回転」と「調整」

「クロップ」
　「タイプ」:「トリム」「クロップ」「Ken Burns」を切り替えます。「Ken Burns」では調整はオンスクリーンコントロールのみで行います。
　「左」「右」「上」「下」:クリップの各辺で切り取る範囲を設定します。

「クロップ」「左」「右」

「歪み」
　「左下」「右下」「右上」「左上」:クリップの四隅の位置を「X」軸と「Y」軸で設定します。

「歪み」「右下」「右上」

パラメータをリセットする
エフェクトの設定項目は、「パラメータをリセット」で初期設定に戻せます。設定項目の右側にマウスを移動させると表示されるプルダウンメニューから「パラメータをリセット」を選択します(P.091「MEMO「表示」「非表示」「リセット」「キーフレーム」」参照)。

▶インスペクタの数値単位
インスペクタの設定値は、「パーセント表示」と「ピクセル表示」を切り替えることができます。「Final Cut Pro」メニューの「設定」のウインドウで、「一般」パネル→「インスペクタの単位」で選択します。

「設定」ウインドウの「一般」パネル→「インスペクタの単位」

▶POINT◀ スライダーと数値入力

「変形」と「クロップ」では、スライダより大きい値を数値入力できます。また、数値入力フィールドを選択し、ドラッグすることで数値を増減することもできます。このときoptionキーを押しながらドラッグすると最小単位で微調整できます。

その他の内蔵エフェクトを調整する

「変形」「クロップ」「歪み」以外のエフェクトはインスペクタを使わないと調整できません。
ここでは「合成」「手ぶれ補正」「ローリングシャッター」「空間適合」「カラー適合」「トラッカー」の各エフェクトについて解説します。

「合成」

クリップの「接続」(P.117「クリップを接続する」参照)を用いると、タイムライン上でクリップを重ねて映像を合成できます。

「ブレンドモード」:クリップを重ね合わせた際の画像処理を選択します。2つの映像を重ねて表示したいときは「加算」や「スクリーン」を設定します。

「不透明度」:クリップの透け具合を調整します。通常は「100％」で不透明になっています。「0％」でクリップは表示されなくなります。

以下の例では、2つのクリップを「ブレンドモード」→「標準」で重ね、上のクリップの不透明度を50％にしています。

「合成」「ブレンドモード」→「標準」

089

「手ぶれ補正」
画面の動きを解析して「ぶれ」を軽減するエフェクトです。「スタビライザー」ともいいます。「手ぶれ補正」では、オリジナルの画像を「ぶれ」に合わせて、フレーム単位で画をトリミングします。補正のために画面を拡大するので、オリジナルの画像とくらべると画質は多少、粗くなるので注意が必要です。この項目をチェックをするとクリップを解析し、続いて補正を実行します。

　「方法」
　　「自動」：以下の「InertiaCam」「SmoothCam」いずれかの方法を、Final Cut Proが自動で判断して選びます。
　　「InertiaCam」：強力に補正します。ただし、映像の角が歪む場合があります。また解析の結果、「三脚モード」がオンになると三脚で撮影したような安定した映像を得ることができます。
　　「SmoothCam」：一般的な補正モードです。下記の3つを組み合わせて補正します。
　「変換（スムーズ）」：縦横方向で画面のぶれを補正します。
　「回転（スムーズ）」：傾きを変えて画面のぶれを補正します。
　「調整（スムーズ）」：ズーミングして画面のぶれを補正します。

「SmoothCam」

「ローリングシャッター」
撮影時にカメラを横方向に速く動かすと、画面が斜めに歪んでしまうことがあります。画像を記録する際に画面の上下で時間差があると生じる現象です。「ローリングシャッター」はその歪みを自動的に補正するフィルタです。ただし、画面全体に対して適用されるため、走行する電車など個別の被写体の歪みを補正することはできません。

　「空間適合」：縦位置で撮影したスマホ動画や写真、イラストなど、プロジェクトのサイズとは異なる素材を編集する際に、自動的に拡大／縮小するオプションです。初期設定では「フィット」が選択されています。
　「タイプ」
　　「フィット」：サイズを上下左右どちらかに合わせて調整します。画面の比率が「16：9」のタイムラインに「4：3」の比率のクリップを置いた場合、上下を合わせて調整し、両側に黒が表示されます。
　　「フィル」：画面一杯にサイズを合わせて調整します。画面の比率が「16：9」のタイムラインに「4：3」の比率のクリップを置いた場合、左右を合わせて調整し、上下はトリミングされます。
　　「なし」：調整しません。ピクセル等倍で表示します。

「カラー適合」
「HDR」(ハイダイナミックレンジ)の素材を扱うときに選択します。
　「タイプ」:通常は「自動」を選択します。「手動」はHDRが自動的にクリップに設定されないときに選択します。
　「変換のタイプ」:元素材のカラー空間と設定するカラー空間の組み合わせを選択します。

「トラッカー」
クリップの被写体に対してオブジェクトトラッキングを作成するときに選択します。オブジェクトトラッキングについてはP.222で解説します。

MEMO ●●●●●●

▶「表示」「非表示」「リセット」「キーフレーム」

インスペクタの表示でわかりにくいのが、これら3つのボタンです。カーソルを該当する位置に移動させないと表示されないため、見過ごされてしまいがちです。ここで確認しておきましょう。
「表示」「非表示」:エフェクトの設定項目(パラメータ)を表示する(表示している場合は非表示にする)ためのボタンです。エフェクト名称の右側にあります。

「リセット」:設定した項目をリセットするためのボタンです。エフェクト名称の右側と各設定項目の右側にあります。

「キーフレーム」:エフェクトを変化させるときの起点となるフレーム=「キーフレーム」を設定するボタンです。「リセット」ボタンの左隣にあります。「キーフレーム」が設定されていると「◆」で表示されます。

クリップエフェクト

エフェクトブラウザ内のエフェクトを「クリップエフェクト」といいます。「エフェクトブラウザ」には映像やオーディオに関連したエフェクトが数多く収められています。また、Apple社以外のサードパーティがリリースしたエフェクトも追加することができます。エフェクトブラウザ内のエフェクトはクリップにドラッグし、インスペクタで設定します。

▶クリップエフェクトを設定する

❶「エフェクト」ボタンをクリックし、エフェクトブラウザを開きます。

エフェクトブラウザ内にはカテゴリごとにクリップエフェクトが収められています。

❷ クリップを選択し、エフェクトをマウスのカーソルでなぞると、ビューアでプレビューされます。

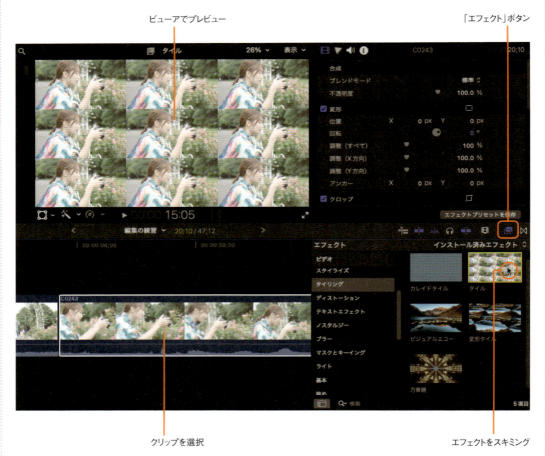

❸ タイムライン上のクリップに、エフェクトブラウザからエフェクトをドラッグします。またはクリップを選択し、エフェクトのサムネールをダブルクリックします。

ここでは「スタイライズ」から「ビネット」を選びました。「ビネット」は周辺を減光して画面の中央を目立たせるエフェクトです。

❹**エフェクトを調整するにはインスペクタを表示します。ビューアで確認しながらエフェクトの設定項目(パラメータ)を調整します。**

内蔵エフェクトの上に「ビネット」が追加されています。

▶ クリップエフェクトを追加する

複数のクリップエフェクトを追加して設定できます。ここでは「フィルムグレイン」というエフェクトを追加しました。エフェクトは上の段のエフェクトから下へ順番に設定されます。

▶「シェイプマスク」と「カラーマスク」

エフェクトを画面の一部の範囲のみに適用することもできます。シェイプマスクでは画面の中で指定した範囲内にエフェクトが適用されます。カラーマスクでは画面内の指定した色に対してエフェクトが適用されます。ここではシェイプマスクの設定について説明します。

❶ エフェクト名の右側から「マスクを適用」ボタンをクリックし「シェイプマスクを追加」を選択します。

❷ エフェクトに「シェイプマスク」が追加されます。ビューアで適用する範囲をドラッグして調整します。

ドラッグでシェイプの範囲を設定　　追加された「シェイプマスク」

▶ エフェクトのコピー＆ペースト

クリップに設定したエフェクトを他のクリップにコピー＆ペーストできます。

❶ コピー元のクリップを選択し「編集」メニューから「コピー」を選択します。

❷ ペースト先のクリップを選択し、「編集」メニューから「エフェクトをペースト」を選択します。

コピー元のクリップに設定されているすべてのエフェクトが、ペースト先のクリップに設定されます。

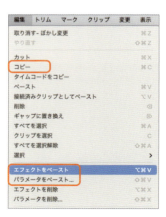

▶ パラメータのコピー&ペースト

エフェクトの一部をコピーしたい場合は、「パラメータをペースト」を用います。

❶ コピー元のクリップを選択し「編集」メニューから「コピー」を選択します。

❷ ペースト先のクリップを選択し、「編集」メニューから「パラメータをペースト」を選択します（前ページ「エフェクトのコピー&ペースト」の図参照）。

❸ 「パラメータをペースト」ウインドウが表示されます。ペーストしたい項目にチェックを入れ「ペースト」をクリックします。

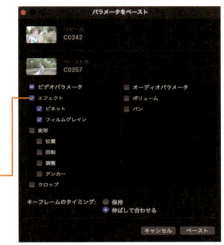

ペーストしたい項目にチェックを入れる

「パラメータをペースト」ウインドウ

▶ エフェクトのオン／オフと削除

インスペクタのエフェクトタイトル左側にあるボックスをクリックしてエフェクトのオンとオフを切り替えます。チェックありでエフェクトオン、なしでオフとなります。

エフェクトを削除するには、エフェクトタイトルを選択し、deleteキーを押します。

チェックを入れるとオン、チェックを外すとオフ

クリップに設定したエフェクトをすべて削除したい場合は、「編集」メニューから「エフェクトを削除」を選択します。
エフェクトを個別に選択して削除したい場合は、「編集」メニューから「パラメータを削除」を選択し、表示される「パラメータを削除」ウインドウで削除する項目にチェックを入れて、「取り除く」をクリックします。

「パラメータを削除」ウインドウ

▶ エフェクトプリセットを保存する

クリップに設定したエフェクトはまとめて1つのエフェクトとして保存できます。

❶ エフェクトを設定したクリップを選択し、ビデオインスペクタの右下にある「エフェクトプリセットを保存」をクリックします。

❷ エフェクトに名前をつけ、保存したいカテゴリを選択し、「保存」をクリックします。

❸ エフェクトプリセットが選択したカテゴリに保存されます。タイムラインの任意のクリップにプリセットをドラッグして設定することができます。

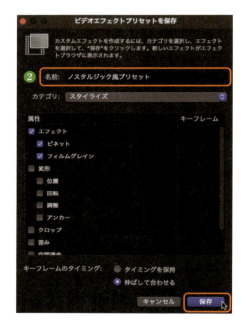

▶POINT◀ ビデオエフェクトの名称を変更する

Final Cut Pro 10.8からクリップに設定したビデオエフェクトの名称を変更できるようになりました。

❶ エフェクトを設定したクリップを選択し、ビデオインスペクタでエフェクト名称の右にあるプルダウンメニューから「名称変更」をクリックします。

❷ 任意の名称を入力します。

クリップに設定したエフェクトに名称をつけることで、他のエフェクトと区別がつけやすくなります。また、エフェクトをドラッグしてタイムライン上の他のクリップに設定することもできます。

Section 02 Keyframe

Final Cut Pro Guidebook

キーフレームを使う

クリップに動きをつけたいときは「キーフレーム」を設定します。画面が徐々に拡大／縮小したり、色合いが変化していくなど、キーフレームを使うことで、動画ならではの効果をもたらすことができます。

キーフレーム

キーフレームは、エフェクトを時間経過とともに変化させるときに使います。動画は1秒につき30枚や60枚の画像＝フレームで構成されています。そこで、変化の起点と終点のフレームをキーフレームとし、エフェクトの値をそれぞれ変えることで、その間のフレームに動きを作ることができます。

▶キーフレームを設定する

クリップに設定されているエフェクトにキーフレームを設定して動かしてみましょう。ここでは「変形」エフェクトを使って、映像が徐々に拡大するという動きをつけてみます。

❶ まず、キーフレームの起点を設定します。

ここではタイムライン上のクリップの先頭に再生ヘッドを移動します。この再生ヘッドの位置がキーフレームの最初の起点となります。

❷ クリップを選択し、インスペクタを表示します。

❸ 「変形」タブを開き、「調整（すべて）」のスライダ右側にある「キーフレームを追加」ボタン◈をクリックします。

これで最初のフレームに「調整（すべて）」のキーフレームが設定されました。キーフレームボタンはダイヤマーク◆になります。

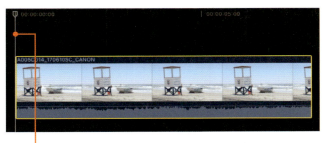

再生ヘッド

クリックしてキーフレームを追加／削除

097

❹次に、最初から3秒目の位置に再生ヘッドを移動し、❸と同様に「調整（すべて）」にキーフレームを設定します。

これで最初のフレームと3秒目のフレームにキーフレームが設定されました。まだ動きをつけていないので、クリップを再生しても変化はありません。

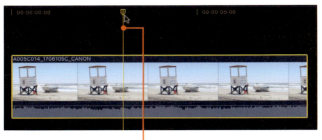

再生ヘッドを3秒目に移動

❺クリップの最初のフレームに再生ヘッドを戻します。

❻「調整（すべて）」のスライダーを値が「0％」になるまで左端まで動かします。

ビューアに映っていた映像が縮小し、見えなくなります。これで「調整」の動きが設定できました。

「調整（すべて）」のスライダーを「0％」にする

▶POINT◀
Final Cut Proでは「調整」は「拡大／縮小」のパラメータになります。

❼クリップを再生すると、徐々に映像が拡大し、3秒目でフルサイズになります。

このように、前後の2つのフレームにキーフレームを設定することで、その間の動きを作ることができます。

▶ キーフレームをビューアで設定する

「変形」のキーフレームはビューアでも設定できます。

❶ビューア左下にあるプルダウンメニューから「変形」を選択します。

❷ビューア上に表示されるハンドルを操作して画像を変形させます。

❸「キーフレームを追加」ボタンをクリックすると、キーフレームが設定されます。

クリックしてキーフレームを追加／削除

ハンドルを操作して画像を変形

「変形」を選択

▶キーフレームを移動する

インスペクタでキーフレームの左にある ボタンをクリックすると、前後の設定されたキーフレームに再生ヘッドが移動します（設定されたキーフレームがない場合はボタンは表示されません）。

▶キーフレームを削除する

削除したいキーフレームにカーソルを合わせると「キーフレームを削除」ボタン になるので、クリックするとキーフレームが削除されます（下図左）。また、キーフレームボタン右側のプルダウンメニューから「パラメータをリセット」を選択すると設定がリセットされ、キーフレームはまとめて削除されます（下図右）。

ビデオアニメーションエディタ

「ビデオアニメーションエディタ」はキーフレームが設定されたクリップの上にキーフレームの位置を表示する機能です。設定したキーフレームの位置を変更したいときや、キーフレームを追加したいときなどに使います。

▶ビデオアニメーションエディタを表示する

クリップを右クリックし、ポップアップメニューから「ビデオアニメーションを表示」を選択します。または、クリップを選択し、「クリップ」メニューから「ビデオアニメーションを表示」を選択します。「ビデオアニメーションエディタ」がクリップの上に表示され、「変形」のラインには、設定されているキーフレームが◆で表示されます。

キーフレーム

▶POINT◀
右図の例では「位置」と「調整」の2つのキーフレームを設定しているため、キーフレームの◆が2つ重なって表示されています。

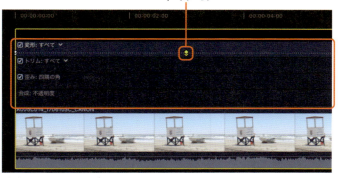

ビデオアニメーションエディタ

▶ キーフレームの位置を変える

キーフレームをクリックすると表示がアクティブになります。キーフレームを左右にドラッグすると設定されたタイミングを変更できます。

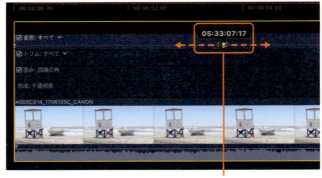

キーフレームを移動してタイミングを調整

▶ キーフレームを追加する

任意の場所でoptionキーを押しながらラインをクリックします。または、キーフレームを設定したい位置に再生ヘッドを合わせ、「変更」メニューから「アニメーションエディタ内の選択したエフェクトにキーフレームを追加」を選択します。

キーフレームを選択し、インスペクタで「変形」のパラメータを調整します。再生すると、前のキーフレームを起点として時間の経過とともにクリップが変形します。パラメータの設定をいろいろ試してみて、動きを作ってみましょう。

任意の位置で「option」+クリック

キーフレームが追加された

▶ キーフレームを削除する

キーフレームを削除するには、キーフレームを右クリックし、プルダウンメニューから「キーフレームを削除」を選択します。

右クリック

▶ ビデオアニメーションエディタを隠す

「ビデオアニメーションエディタ」左上の⊗をクリックします。または、「クリップ」メニューから「ビデオアニメーションを隠す」を選択します。

クリップエフェクトにキーフレームを設定する

クリップエフェクトも、内蔵エフェクトと同様にキーフレームを設定できます。エフェクトブラウザにあるエフェクトを使ってキーフレームを設定してみましょう。

❶ **エフェクトブラウザを開き、クリップにエフェクトを追加します。**

ここでは「タイリング」のカテゴリから「タイル」を選びました。

❷ **「ビデオインスペクタ」を開き、「タイル」のキーフレームを設定します。**

「タイル」は、画面をタイルのように敷き詰めて表示するエフェクトです。値を多く設定すると画面が多く表示されます。

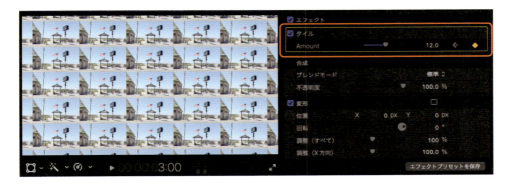

❸ **ビデオアニメーションエディタを開き、エディタ領域でキーフレームを調整することで、タイミングやタイルの値を変えることができます。**

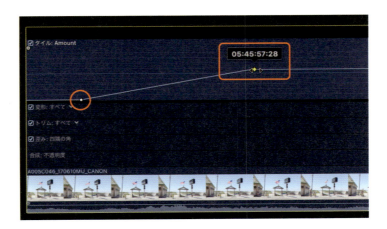

再生してみると、画面がタイルのように増えていく映像ができました。このようにクリップエフェクトにキーフレームを設定することで、特徴のある変化をクリップに加えることができます。

フェードハンドル

「フェードハンドル」はクリップの端に設定された、エフェクトを「0％」から「100％」の間で変化させる調整ポイントです。ここでは「合成：不透明度」を用いてフェードハンドルの使い方を説明します。

❶ **クリップを選択して、ビデオアニメーションエディタを開きます。**
❷ **「合成：不透明度」の右端にある▼ボタンをクリックします。**

「合成：不透明度」の「エディタ領域」が展開します。この例のように▼ボタンがあるエフェクトは「エディタ領域」を開くことができます。
青色の横線は「不透明度：100％」を示しています。ラインは上下にドラッグして不透明度を変えることができます。

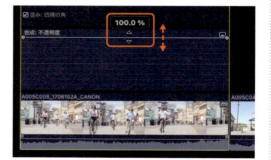

❸ **カーソルを左上端または右上端に合わせると、丸いフェードハンドルが表示されます。これを左右にドラッグすると図のように台形になります。**

これを再生すると、不透明度0％から不透明度100％に変化します。クリップがフェードインでの開始し、フェードアウトで終わりになるわけです。

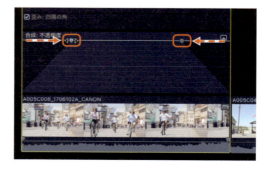

「エディタ領域」ではキーフレームも設定できます。下図では「不透明度」にキーフレームを追加して、図のような形にしました。これはフェードインとフェードアウトをくりかえす設定です。

▶「エディタ領域」に表示するエフェクトを限定する

「エディタ領域」を広げるとタイムラインで場所をとりますね。「アニメーションのソロ」では表示したいエフェクトだけを選択できます。

クリップを選択し、「クリップ」メニューから「アニメーションをソロにする」を選択します。これで「合成：不透明度」以外のエフェクトが表示されなくなります。

さらに、不透明度の右側の∨をクリックしてポップアップを表示させると（右図）、単独で表示するエフェクトを選択できます。

単独で表示するエフェクトを選択

主なクリップエフェクト

「エフェクトブラウザ」に収められている主なクリップエフェクトです。エフェクトはカテゴリごとにまとめられています。

「カラー」

色や明るさを調整するためのツールが収められています。「カラーボード」は基本的な補正ツールです。カテゴリの「カラーボードプリセット」には「カラーボード」を使ったプリセットがまとめられています。「カラーボード」についてはP.181「「カラーボード」による色と明るさの調整」を参照ください。

「カラーボード」

セピア

ヒュー／サチュレーション

色合い

白黒

「コミック外観」
実写の映像をアメコミのイラスト風に大胆に変化させるエフェクトが収められています。

コミック（インク）

コミック（クール）

「スタイライズ」
「年季の入った紙」など映像の質感をビビッドに変えるエフェクトが収められています。「ドロップシャドウ」は背景となるクリップに影を落とします。使うときは下のクリップに影を落とすために、上に置いたクリップを縮小またはクロップでサイズを小さくしておきます。

アニメ　　スーパー8mm　　スケッチ　　センサー

ドロップシャドウ　　ビネット　　写真で振り返る　　年季の入った紙

「タイリング」
画面を一定の割合で切り抜き、タイルのように並べ直すエフェクトがまとめられています。「タイル」はマルチ画面を作成できるフィルタです。「万華鏡」では中心から画が放射状に伸び、シュールな映像が展開します。

カレイドタイル

タイル

変形タイル

万華鏡

「ディストーション」
鏡やガラス、曲面反射などのエフェクトを再現するフィルタが収められています。「ウェーブ」は波打つような画面を作成します。「地震」は画面に揺れをもたらします。

ウェーブ　　　　　　　　　スクレイプ　　　　　　　　　鏡

四角形（背景）　　　　　　反転　　　　　　　　　　　　複眼

「テキストエフェクト」
タイトルツールで作成した文字に質感を加えるフィルタです。タイトルに適用した後、「Show Background」のチェックを外すと文字が切り抜かれます。

ステンシル　　　　　　　　デカール　　　　　　　　　　ネオン

「ノスタルジー」
ユニークですが、用途が限定されるエフェクトです。「セキュリティ」は監視カメラ風に、「新聞用紙」はドットの荒い古いコミック風の画面になります。

セキュリティ

新聞用紙

「ブラー」

「ガウス」は画面にボケ味を加えるフィルタです。「シャープネス」は「ガウス」とは逆にエッジを際立たせるフィルタです。ピントが少し外れた映像に設定すると効果があります。

ガウス　　　　　　　　　シャープネス　　　　　　　ズーム

プリズム　　　　　　　　焦点　　　　　　　　　　　放射状

「マスクとキーイング」

合成用のエフェクトが収められています。「グリーンスクリーンキーヤー」はグリーンバックで背景を合成します(P.199「クロマキー合成とシーン除去マスク」参照)。「ルミナンスキーヤー」は輝度で合成素材を抜くフィルタで、白黒のマスク素材がある場合に用います。

グリーンスクリーンキーヤー　グリーンスクリーンキーヤー　ビネットマスク　　　マスクを描画
（合成前）　　　　　　　　（合成後）

「ライト」

仮想の光源を設定し、画面に光のエフェクトを与えるフィルタが収められています。「アーチファクト」はレンズのフレアを再現します。「グロー」は輝度の高い部分を輝かせます。

アーチファクト　　　　　　グロー　　　　　　　　　ストリーク

| スポット | ボケ（ランダム） | 眩惑 |

「基本」

画面の質感を補正するベーシックなエフェクトが収められています。「バイブランス」は主に肌色の彩度を補正して人物を美しく見せます。「タイムコード」はプロジェクトや収録素材のタイムコードを画面上に表示します。「ノイズリダクション」は暗部などに生じた「じわじわノイズ」を軽減できます。

| ノイズリダクション：適用前（部分拡大） | ノイズリダクション：適用後 | タイムコード |
| ネガティブ | ハードライト | バイブランス |

「眺め」

画面のトーンを変えるエフェクトが収められています。「インディレッド」は温かみ、「クールトーン」は冷たさ、「輝き」はキラキラ感を加えます。設定に「Protect Skin」があるエフェクトでは、肌の色合いを保ちながらエフェクトを加えることができます。

| SF | インディレッド | キャスト | クールトーン |
| ティール&オレンジ | ナイトスコープ | 輝き | 分離 |

107

Section 03 Transition

トランジションを使う

「トランジション」とは画面転換の効果のことです。Final Cut Proには多くのトランジションが収録されており、画面を印象的に切り替えることができます。

トランジションを設定する

▶「クロスディゾルブ」を設定する

標準的なトランジション「クロスディゾルブ」を例に解説します。「クロスディゾルブ」は徐々に画面が入れ替わっていくトランジションです。トランジションの長さや位置の変更、さらに「詳細編集」などの基本操作を抑えておきましょう。

❶「選択」ツールで2つのクリップのつなぎ目（編集点）を選択し、タイムライン右側にある「トランジションブラウザ」を開きます。

❷カテゴリ「ディゾルブ」から「クロスディゾルブ」を選択し、編集点にサムネールをドラッグするか、アイコンをダブルクリックします。

「トランジション」ボタン

トランジションブラウザ

図のように編集点にトランジション「クロスディゾルブ」が設定されました。再生すると、先行クリップから後続クリップへと徐々に画が入れ替わっていくのがわかります。

▶POINT◀ **トランジション設定時の注意**
トランジションの設定時に、図のような警告が表示されることがあります。これは「トランジションを設定するにはクリップの長さが足りませんよ」という警告です。クリップの端に編集点を設定したために、トランジション分の余裕がないということです。
このまま「トランジションを作成」を選択すれば、クリップを縮めてトランジションを設定できます。

▶トランジションの長さを調節する

トランジションの左右どちらかの端をドラッグすると継続時間を変えることができます。トランジションを短くすると速く、長くすると画面がゆっくりと切り替わります。

トランジションの端をドラッグして継続時間を変える

トランジションの継続時間を数値で指定することもできます。それには、トランジションを右クリックし、「継続時間を変更」を選択します。

右クリック

ビューア下のタイムコード欄に設定が表示されるので、継続時間を「秒数＋フレーム数」または「フレーム数」で指定します。3秒の場合は、「3」「0」「0」とタイプします。

秒数　　フレーム数

▶トランジションを移動する

トランジションの中央にある▶◀マークを左右にドラッグするとトランジションが移動し、タイミングを変えることができます。

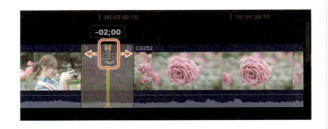

▶詳細編集で調整する

トランジションをダブルクリックすると詳細編集が表示されます。詳細編集ではトランジションの長さと位置を細かく調整できます。

トランジションの端をドラッグすると長さを、トランジションの中央をドラッグするとタイミングを変えることができます。

元の表示に戻すには、再度トランジション部分をダブルクリックします。

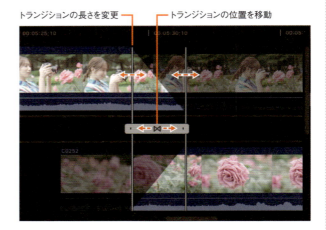

▶インスペクタでトランジションの詳細を設定する

インスペクタを表示するには、クリップに設定されたトランジションを選択し、「インスペクタ」ボタンをクリックします。トランジションによって独自の設定項目があります。

トランジションインスペクタ

▶ クロスディゾルブでフェードイン／アウトする

クリップの先頭に「クロスディゾルブ」を設定するとフェードイン、終端に設定するとフェードアウトになります。

クリップの終わりにクロスディゾルブを設定してフェードアウト

▶ クリップの両端にトランジションを設定する

クリップを選択し、トランジションブラウザからトランジションのサムネールをダブルクリックすると、クリップの両端にトランジションがつきます。

クリップを選択

トランジションをダブルクリック

クリップの両端にトランジションが設定される

MEMO ●●●●●●

▶「バックグラウンドレンダリング」のオン／オフ

トランジションやエフェクトを設定すると、描画＝レンダリングが必要になります。レンダリングが必要な部分はタイムラインに白い点線で表示されます。

初期設定では「バックグラウンドレンダリング」がオンになっているため、トランジションの部分は自動的にレンダリングされ、完了すると白い点線は消えます。

「バックグラウンドレンダリング」をオフにしたい場合は、「Final Cut Pro」メニューから「設定」を選択し、表示されるウインドウの「再生」パネルで、「レンダリング」の「バックグラウンドレンダリング」のチェックを外しておきます。

なお、「バックグラウンドレンダリング」をオフにしていても、「変更」メニューの「すべてレンダリング」または「選択部分をレンダリング」で、レンダリングを手動で実行できます。

レンダリングが必要な部分

「設定」ウインドウの「再生」パネル

▶トランジションをコピー&ペーストする

トランジションは、他の編集点に同じ設定でコピー&ペーストできます。トランジションを選択して、「編集」メニューの「コピー」を選択し、他の編集点を選択して、「編集」メニューの「ペースト」を選択します。あるいは、optionキーを押しながら、トランジションを他の編集点にドラッグしてもコピー&ペーストできます。

▶トランジションを削除する

トランジションを削除するには、削除したいトランジションを選択し、deleteキーを押します。

▶デフォルトのトランジションを変更する

デフォルト(初期設定)のトランジションはクロスディゾルブですが、これを他のトランジションに変更できます。それには、デフォルトにしたいトランジションを右クリックして、表示されるポップアップから「デフォルトにする」を選びます。タイムラインで編集点を選択し、option+「T」キーを押すと、デフォルトに設定したトランジションが設定されます。

▶デフォルトのトランジションの長さを変更する

デフォルト(初期設定)ではトランジションの長さは1秒間に設定されていますが、変更することができます。それには、「Final Cut Pro」メニューの「設定」のウインドウで「編集」パネルを表示し、「トランジション」でトランジションの継続時間を変更します。

Final Cut Proの主な「トランジション」

Final Cut Proに搭載されている主なトランジションです。トランジションは「トランジションブラウザ」にカテゴリごとに収められています。

「360°」

全天周の360°映像専用のトランジションです。主にワイプ系のトランジションが収められています。

360°スライド

360°ワイプ(円形)

360°ワイプ(表示)

360°分割

「オブジェクト」

特定の素材をモチーフにしたトランジションが収められています。「カーテン」は真っ赤なカーテンによる印象的な画面転換をもたらします。

カーテン

キューブ

ベール

入り口

「スタイライズ」

デザインの凝ったトランジションが収められています。シチュエーションに合わせて、多様なエフェクトが施された画面転換を作り上げることができます。

中心

パネル（全体）

スイッチアウト

スライド（右）

「ディゾルブ」

「クロスディゾルブ」は、画面が徐々にオーバーラップしながら切り替わります。最も基本的なトランジションです。「フロー」は、モーフィング効果を作るディゾルブです。画面の変化の少ないクリップの編集点で使うと、カットの変化を気づかれずにつなげることができます。

クロスディゾルブ

フロー

「ブラー」

エフェクト「ブラー」をベースにした、ぼかし系のトランジションです。単純にぼかしを加えて画が替わる「シンプル」、スポーツの場面転換に使うと効果的な「ズームとパン」などがあります。

ズームとパン

放射状

「ムーブ」

画面を動かしながら次の画面に切り替わるトランジションが収められています。スライドのように切り替わる「反射」や「ページめくり」などは投稿動画でもおなじみです。

スピン　　　　　　　　プッシュ　　　　　　　　ページめくり

モザイク　　　　　　　波紋　　　　　　　　　　反射

「ライト」

光の輝きとともに画面を転換するトランジションです。ロゴやタイトルへの転換に使うと効果的です。

ライトノイズ　　　　　　　　　　　　　　　レンズフレア

「リプリケータ／クローン」

画面をマルチ映像風に転換させるリッチなトランジションです。ビデオウォールを設定して1つの画面からもう1つの画面に移り変わるように転換します。

クローンスピン　　　ビデオウォール　　　めまい　　　　　同心円

「ワイプ」

「ワイプ」は、画面が横や縦にサッと切り替わるトランジションです。「円」は、古典的なトランジションでのぞき穴が広がるように切り替わります。インスペクタで「エッジのタイプ」を単色にすると、ぼかしがなくなり、境界がクッキリします。

ワイプ　　　　　　円　　　　　　　時計　　　　　　斜め

「動的トランジション」

幾何学模様をモチーフにした色使いのカラフルなトランジションが収められています。色の組み合わせはインスペクタで変えることができます。

スポットライト　　マーキー　　　　モダニズム　　　表現

Column 「プラグイン」を使ってみよう！

Final Cut Proでは他社がリリースしているプラグインソフトを使うことができます。美しい光のエフェクト、ビビッドな色使いのトランジションなどは作品に個性を与えてくれます。普通のエフェクトでは物足りない、と感じている方なら購入を検討してみてはいかがでしょうか。

多くのプラグインはデモ版で試用できます。プラグインソフトをインストールすると、ブラウザにカテゴリ別に収録されます。主な他社製プラグインソフトを紹介しましょう。

他社製プラグインソフトをインストール

FxFactory Pro（fxfactory.com）

多彩なエフェクト、トランジション、ジェネレータを搭載したオールインワン型のプラグインです。FxFactory Pro自体がホストアプリケーションとして機能し、多くのメーカーからプラグインがリリースされています。日本ではフラッシュバックジャパン（flashbackj.com）で購入できます。

Videoconference
（FxFactory Pro）
立体的に展開するトランジション

CMYK Halftone
（FxFactory Pro）
ドット絵風のエフェクト

Chrominator Basic
（Tokyo Chrominator）
メタリックな文字を作るエフェクト

Shatter & Rebuild 3D
（Boinx）
画面を飛び散らせるトランジション

SIMPLE VIDEO MAKING
(simplevideomaking.com)

センスの良い、小技の効いたＦｉｎａｌ Ｃｕｔ Ｐｒｏ用のプラグインが数多く登録されています。多くはＭｏｔｉｏｎを使って作成されたもので、数ドルから十数ドルの価格帯で買いやすいのが特徴です。また、ＦＲＥＥＢＩＥＳのカテゴリーには無料のプラグイン集が置いてあるので試してみるとよいでしょう。

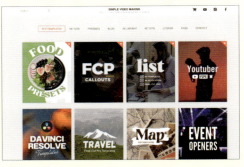
SIMPLE VIDEO MAKING：Final Cut Proのプラグイン集

Legacy Generators（Ripple Training／rippletraining.com）

カラーバーやグリッド、カウントダウンなど、手元にあるとうれしい12の古典的な素材が揃った無料のジェネレータ集です。

PIXEL FILM STUDIOS
(pixelfilmstudios.com)

同社のウェブサイトでは手頃な価格でさまざまなタイプのプラグインが単品で販売され、ミュージックビデオや企業ビデオ、スポーツなどさまざまなカテゴリーで使えるエフェクトやトランジションを手に入れることができます。

注意：プラグインソフトはお使いの環境で動作することをご確認の上、ご購入ください。本書はプラグインソフトの動作を保証するものではありません。また、プラグインソフトは開発元の都合によりリリースが中止される場合があります。最新情報はウェブサイトでご確認ください。

Section 04
Connect Clips

Final
Cut
Pro
Guidebook

クリップを接続する

タイムラインでクリップを上下に重ねることを「クリップの接続」と呼びます。クリップを接続することで、複数の素材を同時に再生できます。

クリップを接続する

タイムライン上のクリップは縦に重ねることができます。クリップを重ねた部分を再生すると、上に重ねたクリップが下のクリップを覆うようにプレビューされます。

タイムライン上のクリップに新たなクリップを「接続」してみましょう。Final Cut Proでは、タイムライン上でベースとなるクリップが配置される領域を「基本ストーリーライン」と呼びます。この例では、基本ストーリーラインに「Clip01」と「Clip02」が配置されています。

基本ストーリーライン。「Clip01」と「Clip02」が配置されている

基本ストーリーラインに配置されているクリップに新たなクリップを接続してみましょう。ブラウザから「Clip03」を選択し、基本ストーリーラインのクリップの上にドラッグして重ねます。または、再生ヘッドを開始点に合わせ、ツールバーの「接続」ボタンを押します。

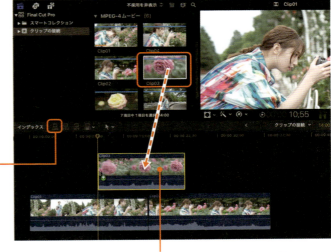

「接続」ボタン

ブラウザから「Clip03」を基本ストーリーラインの上にドラッグして配置

117

図のように、並んだ2つのクリップの上に「Clip03」が重なりました。

基本ストーリーラインの「Clip01」と「Clip02」の上に「Clip03」が配置される

再生すると、映像は「Clip01」→「Clip03」→「Clip02」の順番で切り替わります。音声が重なっている部分は、両方のクリップの音声がミックスして再生されます。

このように、あるシーンの映像に別のシーンの映像が挿入される手法を「インサート編集」と呼びます。インサートのタイミングは上に重ねたクリップを左右に移動させることで調整できます。

▶ クリップをつなげる「接続ポイント」

タイムラインをよく見ると、上に置いたクリップと下のクリップとは1本の縦線でつながっているのがわかります。この部分を「接続ポイント」と呼びます。2つのクリップはこの接続ポイントで相互に接続されているのです。

「Clip03」は「Clip01」に接続されている

クリップは基本ストーリーラインにあるクリップに対してのみ接続します。つまり、クリップを複数、重ねても上にあるクリップはすべて「基本ストーリーライン」のクリップに接続し、すぐ下の位置にあるクリップとは接続しないのです。

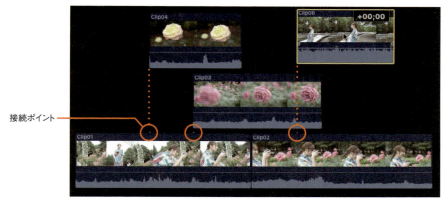

上に置かれたクリップはすべて基本ストーリーラインのクリップと接続される

「タイトル」もクリップの1つですから、クリップの上に重ねることができます。図の部分を再生すると、「タイトル」は一番上にあるので、タイトルの長さの分だけ表示されます。

　　　　　　　　　　　　　　　　　　　　　　　　　　　　タイトル

順番を変えて「タイトル」の上にクリップを重ねてみます。すると、「タイトル」は上のクリップに隠され、上のクリップが再生されているときは表示されません。

　　　　　　　　　　　　　　　　　　　　　　　　　　　　タイトルを下に移動

このように、クリップを重ねると、上のクリップが下のクリップを覆い隠すようになります。層のようになっているので「レイヤー構造」と呼ばれます。Photoshopをご存知の方は、Photoshopのレイヤーと同じような仕組みと捉えてください。

▶POINT◀　クリップの移動オプション

クリップを上下に移動するとき、shiftキーを押しながらドラッグすると、時間がずれずに移動できます。

▶ 接続したクリップを移動する

接続ポイントでつながったクリップについて、タイムラインでの動きをもう少し詳しくみてみましょう。
基本ストーリーラインに「Clip01」と「Clip02」が並んでいます。「Clip01」には「Clip03」が接続しています。ここで「Clip01」を選択し、「Clip02」の後方にドラッグしてみます。

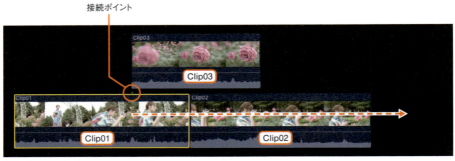

「Clip01」を「Clip02」の後方にドラッグ

「Clip02」が前に移動し、「Clip01」と順番が入れ替わりました。「Clip03」は「Clip01」とともに後方に移動します。

「Clip03」は「Clip01」と一緒に移動する

このように接続ポイントで接続したクリップは、接続先のクリップとともに移動します。

▶ 接続先を変える

「Clip03」をドラッグして、前にある「Clip02」の上に移動します。すると、接続ポイントも「Clip02」に移動します。このように、クリップの位置によって接続先は変わります。

▶ 接続ポイントの位置を変更する

接続ポイントは、クリップの範囲内で移動できます。option＋commandキーを押しながら、クリップ内の任意の位置でクリックします。

option＋commandキー＋クリック

接続ポイントが移動します。ここでは「Clip02」から「Clip01」に接続先が移動しました。

クリックした位置に接続ポイントが移動する

MEMO ●●●●●●

▶ 接続元のクリップだけを移動するには？

接続したクリップの位置を変えずに、基本ストーリーライン上のクリップだけを移動することができます。それには、「＠」（アットマーク）キーを押しながら、接続されているクリップをドラッグします。基本ストーリーライン上のクリップは移動しますが、接続したクリップの位置は変わりません。

※純正以外のキーボードでは「＠」（アットマーク）キーがうまく認識されないことがあります。

接続ポイント　「＠」キー＋ドラッグ

接続ポイントの位置は変わらない

▶クリップの衝突を回避する「マグネティックタイムライン」

下図では、基本ストーリーラインにある2つのクリップ「Clip01」と「Clip02」があり、それぞれにクリップが1つ接続されています。

「Clip02」の右端にカーソルを合わせ、形状が🔧になったら左向きにドラッグして、「Clip02」のアウト点を前にずらしていきます。「Clip01」に接続された「Clip04」が、「Clip02」に接続された「Clip03」にぶつかる箇所で編集点の縦線が表示されます。

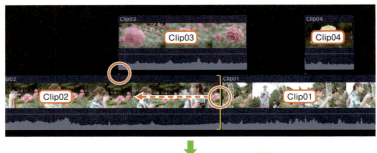

さらに「Clip02」のアウト点を左方向に動かすと、衝突は回避され、どちらかのクリップがもう1方のクリップの上に重なります。

「Clip03」と「Clip04」の衝突を回避するように、「Clip03」が上に移動する

このように、接続したクリップは衝突を自動的に回避します。接続したクリップの重なり順はドラッグで簡単に変えられます。上に重なっているクリップを下にずらすと、下のクリップが自動的に上に移動します。このときshiftキーを押しながらクリップを移動させると前後にずれません。

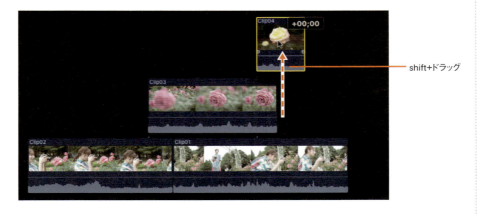

shift+ドラッグ

▶POINT◀ **クリップの無効／有効**
クリップを一時的に無効にすることができます。それにはクリップを選択し、「V」キーを押すか、右クリックしてメニューから「無効にする」を選択します。これでクリップの映像は非表示になり、音声は無音になります。下にあるクリップを編集する際などに便利な機能です。

クリップを選択し、「V」キーを押す

▶ 接続したクリップ間でのロール編集

接続したクリップが隣接していれば、「トリム」ツールを使ってロール編集（P.063「ロール編集」参照）ができます。
「トリム」ツールを選択するか、Tキーを押しながらクリップのつなぎ目を左右にドラッグすると、編集点が前後に移動し、ロール編集を行うことができます。

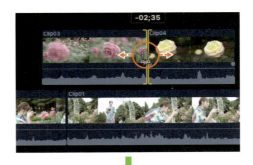

SECTION 04 クリップを接続する

Column
使い分けよう!
「クリップの削除」

タイムライン上でクリップを削除するにはいろいろな方法があります。編集の目的にあわせて使い分けましょう。

通常の削除
クリップを選択してdeleteキーを押します。クリップは削除され、後続のクリップが前に移動します。接続されていたクリップがあれば、そのクリップも一緒に削除されます。

クリップのみを削除
クリップを選択して「@」+deleteキーを押すと、クリップのみが削除され、後続クリップが前に移動します。削除したクリップに接続されたクリップがあれば、後続クリップに改めて接続されます。

※純正以外のキーボードでは「@」(アットマーク)キーがうまく認識されないことがあります。

他のクリップに影響しない「ギャップに置き換え」
クリップを選択してshift+deleteキーを押すと、クリップはギャップに置き替わります。接続されたクリップや後続クリップの位置は変わりません。

マルチ画面

クリップの接続を用いると、複数の画面を同時に表示できます。動画内に子画面を表示する「ピクチャインピクチャ」や、複数の動画を同時に表示する「マルチ画面」を作成してみましょう。

▶ピクチャインピクチャ（子画面表示）を作成する

例として、写真を撮っている映像の上に、花の映像を子画面にして表示してみます。

❶図のように「花」のクリップが基本ストーリーラインのクリップに接続しています。

「花」のクリップ

❷「花」のクリップを縮小します。「花」のクリップを選択し、ビューア左下のタブから「変形」を選択します。

❸ビューアでクリップの隅をドラッグしてサイズを縮小します。

すると「花」のクリップで隠れていた下のクリップが見えるようになります。

「変形」を選択　　　　　　　　　　　　　　ドラッグしてサイズを縮小

❹サイズを調整したら、続いて画面内の位置を調整します。ここでは画面の右下に子画面を配置することにしました。

位置を調整

❺境目を目立たせるために、エフェクトから「スタイライズ」→「基本枠線」を設定します。
これで「ピクチャインピクチャ」の完成です。再生すると、親画面と子画面が同時に再生されます。

エフェクト
「スタイライズ」
→「基本枠線」

▶ マルチ画面を作成する

ピクチャインピクチャをもとにしてマルチ画面を作ってみましょう。

❶ はじめに背景を用意します。サイドバーの「タイトルとジェネレータ」から「テクスチャ」→「グラデーション」を選択し、基本ストーリーラインのクリップの下に配置します。

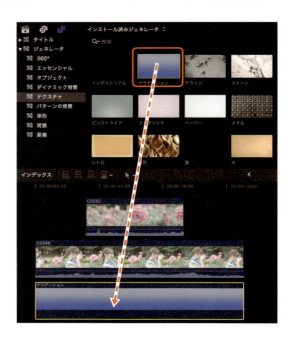

このように、基本ストーリーラインの下にもクリップを配置できます。この「グラデーション」クリップも「接続ポイント」で基本ストーリーラインのクリップと接続されています。

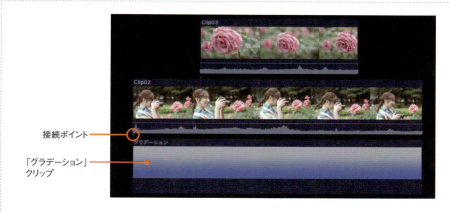

❷ 基本ストーリーラインのクリップを選択し、「変形」でサイズと位置を調整します。サイズを縮小すると、背景として配置した「グラデーション」が表示されます。

❸ 「基本枠線」に加えて「スタイライズ」→「ドロップシャドウ」で背景に影を落としました。
この例では、クリップをタイムラインに追加して、同様にサイズを変え、画面内に配置しています。

ストーリーライン

ストーリーラインは複数の接続したクリップをまとめたものです。基本ストーリーラインと同様に、ストーリーライン内のクリップは互いにトランジションを設定し、編集できます。

▶ストーリーラインを作成する

ストーリーラインを作成するには、対象となるクリップを選択し、右クリックしてメニューから「ストーリーラインを作成」を選択します。

ストーリーラインが作成されます。ストーリーラインが作成されたクリップには灰色のエッジがつきます。

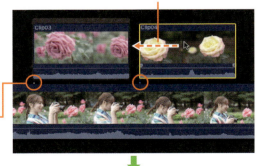

ストーリーラインであることを示す灰色のエッジ

▶ストーリーラインにクリップを追加する

クリップをストーリーラインに追加するのは簡単です。追加したいクリップをストーリーラインのあるクリップにドラッグするだけです。また、「G」キーを押しながらクリップ同士をぶつけてもストーリーラインを作成できます。

クリップをドラッグして追加

接続ポイント

ストーリーラインには接続ポイントが1つあり、クリップをまとめて移動できます。

接続ポイント

▶POINT◀

接続したクリップに「クロスディゾルブ」などトランジションを設定すると、自動的に「ストーリーライン」が作成されます。トランジションはストーリーラインがないと設定できないのです。

▶ ストーリーライン内で編集する

ストーリーライン内では、基本ストーリーラインと同じように編集作業を行えます。また、ディゾルブなどトランジションも設定できます。

新規にクリップをライブラリから追加してストーリーラインに挿入することもできます。

▶ ストーリーラインからクリップを外す

ストーリーライン内のクリップを選択し、右クリックしてメニューから「ストーリーラインからリフト」を選択すると、ストーリーラインから外れます。
また、shiftキーを押しながら上にドラッグすると、位置を保ったままストーリーラインから外すことができます。
なお、トランジションが設定されているクリップをストーリーラインから外すと、トランジションは外されます。

複合クリップ

「複合クリップ」は、複数のクリップをまとめて1つのクリップとして扱えるようにしたものです。ストーリーラインとは異なり、複合クリップ全体にエフェクトを加えることができます。また、複合クリップはイベントに保存され、他のプロジェクトでもクリップとして使うことができます。

▶ 複合クリップを作成する

❶ **タイムライン上で複合クリップを作成するクリップを選択します。**

この例では2つの接続したクリップとタイトルの合わせて3つのクリップを選択しています。

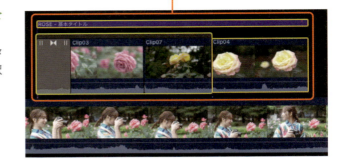

「複合クリップ」にまとめるクリップを選択

❷ **クリップを選択して、右クリックのメニューから「新規複合クリップ」を選択します。あるいは、「ファイル」メニューから「新規」→「複合クリップ」を選択します。**

右クリック

❸ **複合クリップの名称と、保存先のライブラリ内のイベントを指定し、「OK」を押します。**

複合クリップがタイムラインに作成されました。複合クリップには左上にクリップが重なったアイコン🔳が表示され、他のクリップとは異なることがわかります。

複合クリップ

複合クリップは通常のクリップと同様に編集し、エフェクトを加えることができます。また、ストーリーラインに加えることもできます。複数のクリップを複合クリップにまとめると、作業の効率化につながります。

複合クリップ　　通常のクリップ

イベント内には作成した複合クリップが保存されています。複合クリップは一般のクリップと同様に、開いているプロジェクト以外のプロジェクトでも使うことができます。

イベント内の複合クリップ

▶ 複合クリップのタイムラインで編集をする

複合クリップを編集したい場合は、イベント内またはタイムライン上の複合クリップをダブルクリックします。または、複合クリップを選択し、「クリップ」メニューの「クリップを開く」を選択します。すると、複合クリップのタイムラインが開き、編集作業を行えるようになります。プロジェクトのタイムラインと同様に、エフェクトやトランジションを設定することもできます。

作業が終了したら、「タイムラインの履歴を戻る」ボタンで元のプロジェクトに戻ります。

複合クリップをダブルクリックすると通常の編集作業が行える

▶ 複合クリップを解除する

複合クリップを元の個別のクリップ構成に戻すには、タイムラインの複合クリップを選択し、「クリップ」メニューから「クリップ項目を分割」を選択します。複合クリップが解除され、個別のクリップ構成に戻ります。

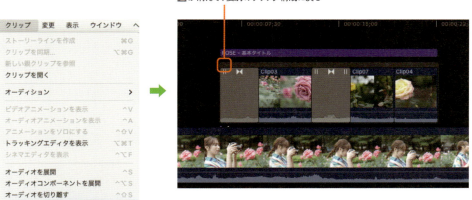

が消えて、個別のクリップ構成に戻る

MEMO ●●●●●●●

▶ 調整レイヤーを使ってみよう

同じエフェクトを複数のクリップに同時に設定するには「調整レイヤー」を使うと便利です。ただし、調整レイヤーはMotionで作成するエフェクトレイヤーで（P.301参照）、Final Cut Pro自体には収録されていません。そこで本書のダウンロード素材として収録しておきました。ご自由にお使いください。

調整レイヤー

Section 05 Title

Final **C**ut **P**ro Guidebook

タイトルを作成する

Final Cut Proで文字を表現する「タイトル」は「タイトルとジェネレータ」に収められています。グラフィカルで表現豊かな「タイトル」を作成して、訴求力のある映像に仕上げましょう。

タイトルを作成する

編集しているタイムラインにタイトルを作成してみましょう。「タイトルとジェネレータ」から好みのタイトルを選択し、タイムラインに追加しましょう。

タイトル

❶ サイドバーの「タイトルとジェネレータ」ボタンをクリックして、「タイトル」を開きます。収録されたタイトルがカテゴリごとに並んでいます。

「タイトルとジェネレータ」ボタン

❷ 使用したいタイトルを選択し、適用するクリップの上にドラッグします。

ここでは「ビルドイン／アウト」から「中心」を選びました。

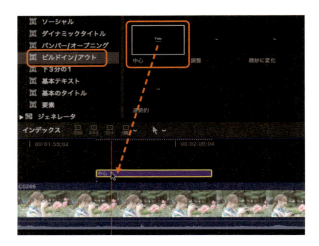

❸ 必要であれば、タイトルの継続時間を調整します。

タイトルは一般的なクリップと同様に、ドラッグして位置や継続時間を変えることができます。

▶ タイトルの文字を入力する

タイトルに文字を入力してみましょう。

❶ 再生ヘッドをタイムラインのタイトルの上に移動し、タイムラインのタイトルを選択します。

❷ ビューアに表示されている「タイトル」をダブルクリックします。すると選択表示になるので、文字を入力します。

「中心」には「サブタイトル」が付いています。ここではふりがなに使うことにしました。

ダブルクリックして入力

▶フォント(字体)とサイズを調整する

文字の調整は「インスペクタ」で行います。

❶ **タイムライン上のタイトルを選択し「インスペクタ」ボタンをクリックします。**

❷ **「テキストインスペクタ」でフォントの種類やサイズなどを設定します。**
設定は選択した文字に対して適用されます。1文字ずつ選択してサイズや色を変えることもできます。サイズや色、アウトラインなどを工夫して、文字をデザインしましょう。

テキストインスペクタの主な設定項目

「テキスト」
ビューアでタイトルをクリックすると「テキストフィールド」が表示されます。入力した文字を編集できます。

「基本」
フォントの種類やサイズ、行間や文字の間隔などを設定できます。Macにインストールされているフォントは基本的に使用できます。

　「文字間隔」:選択した文字の間隔を均等に配置します。
　「カーニング」:挿入ポイントを挟む2つの文字の間隔を詰めます。
　「そのときのサイズ」:欧文で頭文字を大きく、続く文字を小さく表示する際のサイズの比率を設定します。

「位置」「回転」「調整」
タイトルの画面内での配置を数値で調整できます。

「3Dテキスト」
文字を立体的に表示します。「3Dテキスト」についてはP.141「3Dタイトルを作成する」で説明します。

テキストインスペクタ

「フェース」
文字の色や不透明度を調整します。「塗りつぶし」ではグラデーションを設定することもできます。

「アウトライン」
文字のエッジの幅と色を調整します。

「グロー」
文字の周辺を際立たせます。

「ドロップシャドウ」
文字の影を下のクリップに落とします。

▶タイトルインスペクタ

「タイトルインスペクタ」では選択したタイトルごとに設定されたパラメータの調整ができます。

「Build In」「Build Out」：タイトルの始まりと最後のエフェクトのオン／オフです。チェックを入れるとエフェクトはオンになり、フェードインなどの効果が付きます。

タイトルインスペクタ

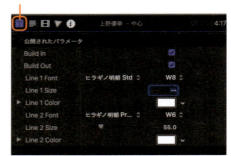

MEMO ●●●●●●●

▶「全高表示のインスペクタ」を活用しよう

インスペクタの表示は「全高表示」に切り替えて縦方向に長く伸ばすことができます。インスペクタ上部のクリップ名をダブルクリックすると「全高表示」になります。ただし、その分、タイムラインの表示幅は短くなります。

クリップ名をダブルクリック

▶タイトルの位置を調整する

タイトルを画面内の任意の場所に配置しましょう。タイトルを移動するには、ビューア内のテキスト部分をクリックした際に表示される⊕をドラッグします。タイトルとサブタイトルはそれぞれ個別に移動できます。

ドラッグして移動

テキストインスペクタの「位置」を使って、数値でタイトルの位置を決めることもできます。

Column 「ガイド」を活用しよう

ビューアにガイドラインを表示するとタイトルの位置を決めやすくなります。

「タイトル／アクションのセーフゾーンを表示」

ビューアの「表示」から「タイトル／アクションのセーフゾーンを表示」を選択すると、セーフゾーンが表示されます。このガイドは内側が80％、外側が90％のエリアになっています。

「水平線を表示」
ビューアの「表示」から「水平線を表示」を選択すると、十字形のガイドが表示されます。

「カスタムオーバーレイを選択」
オリジナルで作成したガイドを使うこともできます。はじめにAppleのKeynoteやAdobeのPhotoshopなどでガイドラインの画像を作成しておきます。画像は背景を透過したPNG形式で保存しておきます。
Final Cut Proのビューアの「表示」から「カスタムオーバーレイを選択」を選択し、「カスタムオーバーレイを追加」で保存したガイドの画像を登録しておきます。続いて「表示」から「カスタムオーバーレイを選択」を選択し、ガイドの画像を選択すると、カスタムオーバーレイが表示されます。この例では青色で16分割のラインが表示されています。

▶タイトルのプリセットを保存する

作成したタイトルのサイズや色などの属性をプリセットとして保存し、ほかのタイトルに利用できます。

❶ **テキストインスペクタを開き「テキスト」の上にあるプルダウンメニューをクリックします。**
プリセットされた属性がプルダウンメニューで表示されます。

❷ **「フォーマット属性を保存」（フォント、サイズ、行揃え、文字間隔、行間など）、「アピアランス属性を保存」（カラー、グロー、ドロップシャドウなどのエフェクト）、「フォーマット属性とアピアランス属性をすべて保存」のいずれかを選びます。**

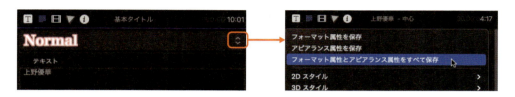

❸ **プリセットの名前を入力して保存します。**
次回から、保存したプリセットがプルダウンメニューに表示されます。プリセットを選択することで、同じデザインのタイトルをすぐに作成できます。

プリセットの名前を入力

▶タイトルの種類を変更する

タイトルの種類を変更するには、タイムライン上のタイトルを選択し「タイトルとジェネレータ」から変更したいタイトルをダブルクリックするとタイトルが変更されます。この場合、文字内容は保持されますが、フォントやサイズなどの属性は初期設定に戻ります。

▶タイトルをコピー／削除する

タイトルはコピー&ペーストするか、optionキーを押しながらタイトルをドラッグして、任意の再生ヘッドの位置にコピーできます。
タイトルを削除するには、タイムラインでタイトルを選択し、deleteキーを押します。

MEMO ●●●●●●

▶最も一般的なタイトルツール「基本タイトル」

いろいろな種類のタイトルがあるのでどれを使うか迷う方も多いでしょう。Final Cut Proで最も一般的なタイトルは「基本タイトル」です。

「基本タイトル」は「編集」メニューの「タイトルを接続」→「基本タイトル」で選択すると、再生ヘッドの位置に「基本タイトル」が作成されます。

基本タイトル

Column

「縦書き」タイトルは

本書のダウンロードデータに収録

Q：「縦書き」ができるタイトルが見当たらない点が不満です。

A：そうですね。「Motion」をお持ちなら、縦書きのオプションを加えることができるんですよ。詳しくは「Motion」の項を参照してください。

また、本書のダウンロードデータにMotionで作成した「縦書き」のタイトルを収めてあります。お使いのMacの「ムービー」フォルダ内の「Motion Templates」→「タイトル」にコピーしてお使いください。

3Dタイトルを作成する

「3Dテキスト」オプションを使って立体的なタイトルを作ってみましょう。「タイトルとジェネレータ」の「タイトル」内にある「3D」や「3Dシネマ」は、「3Dテキスト」を元にしたプリセット集です。

▶タイトルを「3D」にする

通常のタイトルを立体感のある3Dにしてみましょう。以下の例では、タイムライン上のクリップの上にタイトルが配置されています。

テキストインスペクタを開いて「3Dテキスト」にチェックを入れると、文字が3D表示になります。

3Dの形状を設定するには、テキストインスペクタの「3Dテキスト」右側の「表示」をクリックしてオプションを開きます。「深度」で文字の奥行き、「深度方向」で奥行きの方向、「ウェイト」で文字の線幅を設定できます。

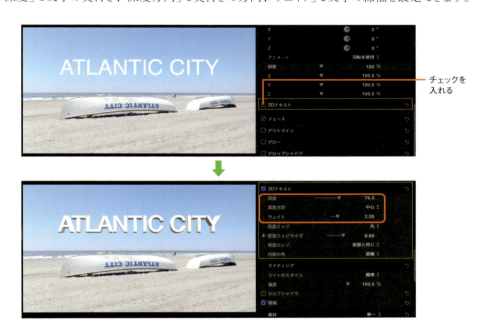

▶「ライティング」と「素材」を設定する

「ライティング」と「素材」のオプションを設定します。「ライティング」オプションでは、文字にあたっている照明の強度や、角度、光源の種類を設定します。

「素材」オプションでは文字の色や材質などを設定します。「ファセット」では素材をシミュレーションした設定が収められています。好みの設定を適用してみましょう。

「ファセット」の
ポップアップメニュー

▶「3Dコントロール」で立体的に配置する

「3Dテキスト」は立体のオブジェクトなので3つの軸があります。ビューアで立体的に動かしてみましょう。
タイムライン上のタイトルを選択し、ビューアに表示されている3Dタイトルをクリックします。
文字の周りに赤、緑、青の矢印で「3Dコントロール」が表示されます。
「3Dコントロール」を操作すると文字を立体的に表示できます。X軸（ヨコ軸）方向は赤の矢印、Y軸（タテ軸）方向は緑の矢印、Z軸（奥行き）が青色の矢印になります。
また、3Dタイトルの周囲のリングを操作すると、軸に沿って傾きを調整できます。
いろいろ試して3Dタイトルを作成してみてください。

「3Dコントロール」

ドラッグして傾きや
位置などを調整

142

Column

「マーカー」を活用しよう

クリップに印をつける「マーカー」機能を使うと、あとからタイトルなどを配置する際に便利です。マーカーは、キーボードの「M」キーで追加できます。

マーカーには「標準」「To Do」「チャプター」の3種類があります。

「**標準**」：マーキング機能のみで青色です。
「**To Do**」：未完了の箇所を忘れないようにするためのマーカーで赤色です。
「**チャプタ**」：DVDを作成した際にチャプターフレームとして機能します。色はオレンジです。
マーカーの変更と削除はマーカーを右クリックして行います。

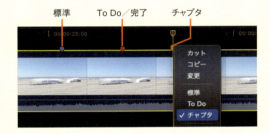

マーカーをダブルクリックすると「マーカー情報」が表示されます。「マーカー情報」ではマーカーの選択と名称を変更できます。なお、「To Do」マーカーの場合は「完了」にチェックを入れると緑色に変わります。

タイトルのエフェクトとトランジション

タイトルも通常のクリップと同様にエフェクトで加工できます。トランジションを設定するとタイトルは「ストーリーライン」（P.128）の形になります。

▶ タイトルのエフェクト

インスペクタの「Video」で、「変形」「クロップ」「歪み」などのエフェクトを設定できます。また、エフェクトブラウザから「ブラー」など好みのエフェクトを加えることもできます。

▶ タイトルのトランジション

タイトルに任意の「トランジション」をドラッグして加えることができます。

タイトルの両側に「トランジション」が付きます。このとき、自動的に下のクリップに接続したストーリーラインの形になります。

クローズドキャプションを作成する

動画共有サイトなどで、字幕を使う機会が多くなってきました。Final Cut Proでは視聴時に表示のオン／オフを選択する「クローズドキャプション」を作成できます。ここでは、YouTubeに動画をアップロードする方法を紹介します。

▶ クローズドキャプションを作成する

編集中のプロジェクトで、クローズドキャプションを作成します。

❶ タイムライン上で字幕を挿入したい箇所に再生ヘッドを移動させます。

❷「編集」メニューの「キャプション」→「キャプションを追加」を選択するか、option＋「C」キーを押します。

タイムラインにキャプションレーンが表示され、キャプションクリップが配置されます。

❸ キャプションクリップをダブルクリックし、キャプションエディタ内にテキストを入力します。

❹ キャプションクリップは長さをキャプションレーン内で調整できます。「キャプションを追加」あるいはoption＋「C」キーでキャプションを追加することもできます。

❺ クローズドキャプションの位置と色はインスペクタで設定できます。

ただし、キャプションの表示規定により設定項目は限定されます。

▶ 動画と字幕データを書き出す

入力したクローズドキャプション用の字幕データは、動画の書き出し時に同時に作成します。

❶ プロジェクトを右クリックして、メニューから「プロジェクトを共有」→「ソーシャルプラットフォーム」を選択します。

❷ 「設定」パネルの「キャプションを書き出す」から「日本語（iTT）」を選択して、「次へ」をクリックし、保存場所を指定して保存します。

動画ファイルと字幕ファイル（iTTファイル）が書き出されます。

字幕データだけを書き出す場合は、タイムラインを開き、「ファイル」メニューから「キャプションを書き出す」を選択し、保存先を設定して書き出します。

▶ 「YouTube」でクローズドキャプションを設定する

「YouTube」で字幕を設定します。字幕はあとから修正することもできます。

❶ はじめに「YouTube」に動画をアップロードします。

❷ アップロード中の設定画面で「字幕を追加」から「追加」を選択し、字幕データをアップロードします（次ページ図）。

❸「YouTube」のサイトで字幕の編集画面が表示されます。字幕のタイミングを確認し、「完了」をクリックすると字幕作業は終了です。

「YouTube」で再生し、確認します。字幕のタイミングや内容は「動画の編集」で調整できます。

▶NOTE◀
「YouTube」の設定画面の仕様は変更されることがあります。

Section 06 Generators
Final Cut Pro Guidebook

ジェネレータを活用する

「ジェネレータ」には、主に背景として使うための素材が収められています。タイムラインではクリップの1つとして扱うことができます。

「ジェネレータ」で「ざぶとん」を作る

「ざぶとん」とはタイトルやイラストを見やすくするために、下に敷く帯のことです。シンプルなテクスチャ「ペーパー」を使って「ざぶとん」を作ってみましょう。

❶ ワークスペースの左上にあるサイドバーの「タイトルとジェネレータ」を開きます。

❷「ジェネレータ」の「テクスチャ」→「ペーパー」を、タイムラインのクリップとタイトルの間にドラッグします。

❸ タイムライン上に配置された「ペーパー」を選択し、ビューアで確認しながら「ビデオインスペクタ」の「クロップ」でタイトルの大きさに合わせてサイズを調整します。

❹ エフェクトブラウザから「スタイライズ」→「ドロップシャドウ」を選び、「ペーパー」に適用します。「カラー」で色を明るく調整し、「ぼかし」を「0」にすることでソリッドなラインを加えてみました。

▶NOTE◀ 「ジェネレータ」の「白」について
「ジェネレータ」の「単色」に収められている「白」は、初期設定では100％の輝度を持つ白ではありません。少し輝度を落とした80％の「Smokey」になっています。輝度100％の白を使いたい場合はインスペクタで「Smokey」ではなく「Bright White」を選びます。

「ジェネレータ」で背景を作る

「ジェネレータ」に収められている素材を使って背景を作ってみましょう。

❶ 「タイトルとジェネレータ」を開き、「ジェネレータ」から「テクスチャ」→「ファブリック」を選択し、タイムラインにドラッグします。

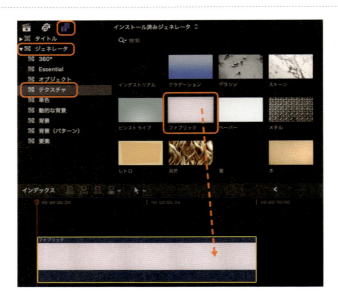

❷「ジェネレータインスペクタ」の「Type」で「ファブリック」のタイプを選択し、「Tint Color」で色味を調整します。

❸ ブラウザから背景の上に置くクリップとタイトルを選択し、ドラッグします。
❹ 上に置いたクリップとタイトルの位置とサイズを調整します。

動画のクリップのサイズを縮小し、エフェクトの「スタイライズ」から「基本枠線」をクリップに加えました。

「プレースホルダ」と「ギャップ」

「プレースホルダ」は本来の動画の替わりとして使うクリップです。あとから別のカットに差し替えるために、尺を調整するときなどに用います。
「ギャップ」は映像と音声がない「すき間」のことです。ギャップを再生すると無音の黒になります。

▶プレースホルダを使う

「ジェネレータ」の「要素」から「プレースホルダ」を選んでタイムラインに置きます。プレースホルダは通常のクリップと同様に扱うことができます。

SECTION 06 ジェネレータを活用する

「プレースホルダ」ではシーンにあわせて簡単なコンテを作成できます。
また、「View Notes」にチェックを入れると、画面にメモ書きをつけておくことができます。

「View Notes」でメモを入れる

▶ギャップを挿入する

「編集」メニューから「ジェネレータを挿入」→「ギャップ」を選択すると、再生ヘッドの位置にギャップが挿入されます。
ギャップはクリップの間を埋める「すき間」として機能します。したがって、他のクリップのようにサイズを変えたり、エフェクトを設定することはできません。

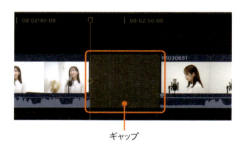

ギャップ

ギャップの表示スタイルは、「Final Cut Pro」メニューの「設定」で表示されるウインドウで、「再生」パネルの「プレーヤー背景」から選択できます。

「タイムコード」

「タイムコード」は「ジェネレータ」の「要素」に収められています。
使用する際は、タイトルツールと同じ要領で、クリップの上に乗せる形で適用します。
プレビュー用の動画ファイルを相手に見せるとき「タイムコード」を画面内に表示しておけば、修正があったときに時間で場所を確認できるので便利です（次ページ図参照）。
プロジェクトのタイムコードのほかにクリップのタイムコードも「ソース」として表示できます。

タイムコード

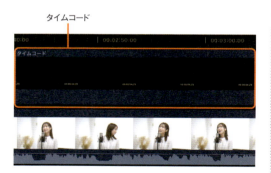

SECTION 06 ジェネレータを活用する

タイムコード　　　　　　　　　　　プロジェクト／ソースの切り替え

MEMO ●●●●●●●

▶ エフェクトの「タイムコード」について

エフェクトブラウザの「基本」にも「タイムコード」があり、クリップごとに表示を設定できます。

エフェクトブラウザ→「基本」→「タイムコード」

153

Section 07 Audio

オーディオを調整する

Final Cut Pro Guidebook

タイムラインで映像を編集したら、次は音を調整しましょう。音がきれいにつながっていると、作品の質感がぐっと高まります。Final Cut Proでは、オーディオ編集にも独自の工夫がなされ、スピーディに作業を進めていくことができます。

Final Cut Proの精度の高い補正ツールやアフレコ機能、エフェクトを使って作品のクオリティを高めましょう。このSectionでは音の波形がわかりやすいように、セリフのあるドラマ形式の素材を用いて解説します。

■ オーディオ編集の準備

オーディオ編集をやりやすくするために、操作環境を整えておきましょう。

▶ オーディオメーターを表示

音声レベルを確認するために、ビューアのオーディオメーターをクリックして、拡大したオーディオメーターをタイムラインの右側に表示します。

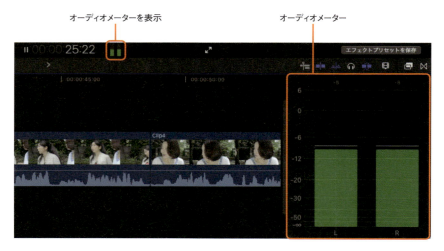

▶ クリップのアピアランスを変更

オーディオ波形を見やすくするためにクリップのアピアランス（外観）を変更しておきます。

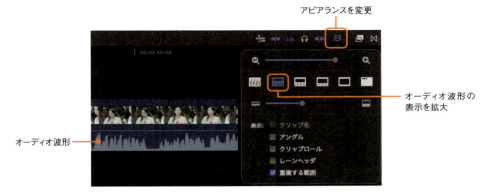

クリップの音量を調整する

クリップの音量の調整方法を解説します。音量を細かく調整するときは、クリップにキーフレームを設定します。

▶ クリップ全体の音量を変える

クリップを選択し、「音量コントロール」のラインを上下にドラッグすると音量が変わります。波形の形は音量を表しています。音量を上げるとクリップの波形が大きくなります。音量を上げすぎるとピークを越えてしまい、波形に赤色が表示されます。ピークを超えると音が割れてノイズになることがありますので、超えないように調整しましょう。

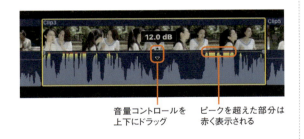

▶ 複数のクリップの音量を変える

タイムラインで音量を変えたいクリップを選択して、インスペクタの「オーディオ」から「ボリューム」を調整します。選択したクリップの音量が変わります。

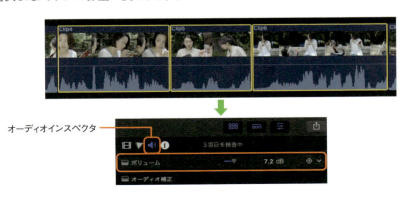

▶ 範囲を選択してクリップの音量を変える

ツールパレットから「範囲選択」ツールを選択し、クリップ内をドラッグして範囲を選択します。または、「I」キーと「O」キーでイン点とアウト点を決めます。
「音量コントロール」のラインを上下にドラッグすると範囲内の音量を調整できます。

調整した箇所にはキーフレームが設定されています。キーフレームは、あとからドラッグして位置を調整できます。

▶ キーフレームを設定して音量を調整する

クリップにキーフレームを設定すると、ボリュームを細かく調整できます。
optionキーを押しながらクリップの「音量コントロール」のラインをクリックします。

図のようにキーフレームが設定されました。キーフレームはドラッグして左右に移動できます。

キーフレームを2箇所に設定し、上下にドラッグすると、キーフレームを起点に音量を変えることができます。

キーフレームを4箇所に設定し、真ん中のラインを上下にドラッグすると、範囲を決めて音量を変えることができます。

▶キーフレームの削除とリセット

キーフレームを削除するには、キーフレームを右クリックし、メニューから「キーフレームを削除」を選択します。

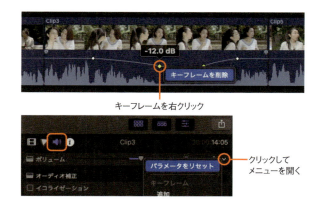

キーフレームを右クリック

インスペクタを開き、「パラメータをリセット」を選択すると、クリップに設定したキーフレームと音量設定がすべてリセットされます。

クリックしてメニューを開く

▶音量のフェードイン／フェードアウト

クリップの両サイドにある「フェードハンドル」を左右にドラッグすると、音量のフェードイン／フェードアウトが行えます。

フェードハンドル　　フェードハンドル　フェードアウト

フェードハンドルを右クリックしてフェードの形を選べます。シーンにあわせて選択しましょう。通常は「線形状」または「+3dB」です。フェードハンドルを使ったフェードイン／フェードアウトは、キーフレームを設定せずに行えるので便利です。

右クリックしてメニューを表示

▶POINT◀　「トランジション」でのフェードイン／フェードアウトについて

「クロスディゾルブ」などトランジションをクリップに設定すると音声には自動的に「クロスフェード」が設定されます。これにより、画面の変化とともに音声がなめらかに入れ替わるようになります。音声に新たにフェードを設定する必要はありません。

SECTION 07　オーディオを調整する

映像と音声をずらす「L字編集」と「J字編集」

ドラマでは会話のやりとりなどで映像と音声の編集点をずらす手法がよく行われます。映像が切り替わってもセリフが続いていたり、逆にセリフを話している途中で相手の映像に切り替わったりします。ここではそのような「映像と音声をずらす」テクニックについて説明しましょう。

▶ 映像と音声をずらす

右図のようにクリップが並んでいます。映像のタイミングはそのままで、音声の編集点を前後にずらしてみましょう。

❶ 対象となるクリップの音声部分をダブルクリックします。または、クリップを右クリックし、メニューから「オーディオを展開」を選択します。

クリップのオーディオとビデオが上下に分かれます。これで映像と音声のタイミングを変えることができます。

❷ ツールパレットから「トリム」を選び、音声の編集点にあわせます。

❸ 音声の編集点をクリックし、右にずらします。音声の「ロール編集」になります。

ここでは3秒後に編集点を変更しました。

図のように編集点が変更されました。映像が先に切り替わり、音声が3秒後に切り替わります。
このような編集をその形から「L字編集」と呼びます。

❹「トリム」で編集点を左にずらすと、音声が先に切り替わり、映像が後から変わります。
このような編集をその形から「J字編集」と呼びます。

❺OKであれば「選択」ツールにしてクリップの音声部分をダブルクリックします。またはクリップを右クリックし、メニューから「オーディオをしまう」を選択します。

❻図のように編集点がまとまります。必要に応じて展開して再度編集します。

映像の編集点をずらす方法も同じです。「オーディオを展開」したあと、「トリム」で映像の編集点をずらします。

▶POINT◀　「L字編集」と「J字編集」
わかりやすいように図で示すと右のような形になります。上半分が映像、下半分が音声です。

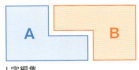
L字編集

J字編集

▶編集のタイミングをずらす

会話の間合いを詰めて切り替わりのタイミングを変えてみましょう。

❶ 前後のクリップのオーディオを展開しておきます。後続クリップの映像部分の編集点にカーソルを合わせ、「選択」ツールで右にドラッグします。

後続クリップの映像のイン点が変わります。それに合わせて先行クリップ全体が後方にずれます。先行クリップの音声が一段下がり、後続クリップの音声と重なります。

この部分を再生すると先行クリップのセリフが言い終わらないうちに後続クリップのセリフが始まります。緊迫したドラマ展開ではこのようにセリフを多少重ねるように編集するとテンポがよくなります。

❷ 編集後は「オーディオ/ビデオをしまう」でまとめておきます。

いかがでしょうか? 演技のタイミングとは異なるタイミングで編集することで、映像に独特のリズムが生まれてきます。時間軸を自在に変えられるのが映像編集の魅力です。

▶オーディオを切り離す

映像と音声を別個のクリップとして関連を切り離すことができます。それには、クリップを右クリックして、メニューから「オーディオを切り離す」を選択します。これで映像と音声が切り離されます。映像は無音のクリップになります。なお、「オーディオを切り離す」で切り離したクリップのイベント内のクリップ(親クリップ)は、映像と音声は切り離されません。

クリップを選択して右クリック

映像と音声が切り離される

MEMO ●●●●●●●

▶ オーディオ波形の元の形を示す「参照波形」

「参照波形」は音量調整前の波形を強調して表示する機能です。音量を下げてクリップの波形が見づらくなったときに使用するとよいでしょう。それには、「Final Cut Pro」メニューから「設定」を選択し、表示されるウインドウの「編集」パネルで「オーディオ」の「参照波形を表示」にチェックを入れます。タイムラインのオーディオ波形に、薄く参照波形が表示されます。

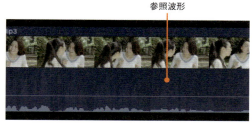

参照波形

オーディオの解析と補正

Final Cut Proにはパワフルなオーディオ補正ツールが収められています。オーディオの自動補正では、クリップの解析と修復を自動的に行うことができます。

▶ オーディオの補正

クリップの音声に問題があった場合は「オーディオの補正」を実行してみましょう。

❶ クリップを選択し、ビューアの「色補正とオーディオ補正」から「オーディオの補正」を選択するか、「変更」メニューの「オーディオの補正」を選択します。

❷ **インスペクタから「オーディオインスペクタ」タブを開きます。**

「オーディオ解析」の項目を見ると「修復済み」のチェック✅が入っています。また、項目名の左側にチェック☑があると、解析した上で補正を行った項目になります。この例では補正された項目は「ラウドネス」になります。

補正した項目　　　　　　解析した項目

▶ **POINT◀**

補正項目が表示されていない場合は、「オーディオ解析」右端付近にカーソルを合わせると表示される「表示」をクリックすると、オプション項目が開きます。

▶ **手動で「オーディオ解析」を実行する**

「オーディオ解析」の各項目は、手動で音を再生しながら設定できます。項目名の左のチェックでオン／オフを切り替えられます。

「ラウドネス」
音量を一定のレベルに引き上げます。リミッター&コンプレッサーの簡易版といえます。タイムラインのレベル調整では音量が不足しているときに使うと効果的です。

「ノイズ除去」
空調音などのノイズを低減します。効果的ですが使いすぎると音声が歪みます。

「ハムの除去」
電源などの周波数ノイズを低減します。西日本は60Hz、東日本は50Hzです。

音を再生しながらスライダーで調整

▶ **イコライゼーション**

「オーディオ補正」には高性能のグラフィックイコライザが付属しています。「オーディオ補正」の「イコライゼーション」にチェックを入れ、右側のポップアップメニューから好みのプリセットを選択します。

さらに、高性能のグラフィックイコライザを使って手動で調整することもできます。ポップアップメニューの右側にある「イコライザ」アイコンをクリックします。

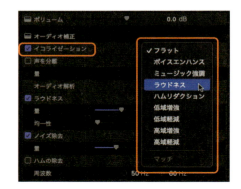

グラフィックイコライザが立ち上がり、10バンドまたは31バンドで各周波数のレベルを調整できます。

▶ 声を分離

「声を分離」はiPhoneにも搭載されているノイズリダクション系のエフェクトです。人が話す声の成分を分離し、はっきりと聞こえるように調整します。クリップを選択し、「声を分離」にチェックを入れます。「量」で設定を加減します。「声を分離」は強力なエフェクトで、周辺の環境音をかなり低減してくれます。「ノイズの除去」を使う前に試してみるとよいでしょう。

オーディオのチャンネル設定

クリップのオーディオには複数のチャンネルが設定されています。通常はLチャンネル＋Rチャンネルの「ステレオ」ですが、チャンネルごとに異なる音声が録音されている場合もあります。
その場合はオーディオの構成を設定して、きちんと再生できるようにします。

▶ パン

「パン」では音源のバランスを調整します。「ステレオ（左右）」と「サラウンド」の2つのモードがあります。通常は「なし」でよいですが、バランスを変えたいときは設定を選択して調整します。

スライダで左右のバランスを調整

「ステレオ（左右）」
左右のバランスを設定します。スライダを右一杯にすると右チャンネルのみから音が再生されます。

「サラウンド」
5:1のサラウンド音源を扱うときに選択します。
はじめにプロジェクトの設定を「サラウンド」にしておきます。オーディオメーターがサラウンド表示になります。
「パン」の「モード」から「サラウンド」を選択すると、「サラウンドパンナー」が表示されるので、チャンネルごとに音源を各スピーカーに割り当てます。
音源がステレオの場合は「スペースを作成」を設定することで、音源をサラウンドに疑似変換できます。
ウーハー（重低音）を設定する場合は「詳細」から「LFEバランス」のレベルを上げておきます。

サラウンドパンナー

サラウンドチャンネル

▶ オーディオ構成

オーディオのチャンネル構成をクリップごとに設定できます。一般的な家庭用カメラでは「ステレオ」で収録されています。左右のチャンネルが逆になってしまっているクリップでは「リバースステレオ」を選択して修正します。

業務用カメラでは2つのチャンネルに別の音声を収録する場合があります。その場合は「デュアルモノ」にします。音声がモノラルになり、2つのチャンネルの音声波形が表示されます。このときチャンネルのチェックを外すとその音声は再生されません。

「チャンネル構成」を「デュアルモノ」にした場合は、クリップを右クリックして、メニューから「オーディオコンポーネントを展開」を選択すると、チャンネルが分かれて展開します。
たとえば1chと2chで別々の音声を録音した場合などで音量の調整を個別に行うことができます。

MEMO ●●●●●●●

▶聞きたいクリップだけ聞く「ソロ」

クリップを重ねたり、音楽や効果音などをミックスすると、さまざまな音が同時に再生されてしまいます。「ソロ」は特定のクリップの音声だけを聞きたいときに使用します。それには、クリップを選択し、「ソロ」ボタンを押します。または、クリップを選択し、「クリップ」メニューから「ソロ」を選択します。他のクリップが灰色表示になり、選択したクリップの音だけが再生されます。

他は灰色表示となり再生されない　　選択したクリップの音声のみ再生

Section 08
Audio effects

Final
Cut
Pro
Guidebook

オーディオエフェクト

Final Cut ProにはAppleのプロ向けサウンドツールLogic Proの系譜を受け継ぐ高機能なエフェクトが搭載されています。声にエコーを加える、電話で話す声に加工するなど、オーディオエフェクトでシーンを効果的に演出できます。

クリップにエフェクトを適用する

音関連のエフェクトは「エフェクトブラウザ」内の「オーディオ」に収録されています。クリップを選択し、エフェクトを選んでダブルクリックするか、エフェクトを直接クリップにドラッグして適用します。

エフェクトブラウザでオーディオエフェクトを選択

代表的なオーディオエフェクト

カテゴリ別に代表的なエフェクトについてご紹介しましょう。実際に音を聞いて、いろいろ試してみてください。

▶「EQ」

EQとはイコライザーのことです。「ミュージック」にも搭載されているので使ったことがある方も多いのではないでしょうか。イコライザーでは音成分のうち、一定の周波数域を可変にすることで、声を聞こえやすくしたり、ノイズを低減したりできます。

補正ツールの「オーディオ補正」で使用されているのは「AUGraphicEQ」です。このほか「Channel EQ」（次ページ図）もよく使われるイコライザーです。数多くのプリセットがあるので楽器や声の質に合わせた調整を試すことができます。

165

「Channel EQ」

▶「エコー」

エコーは山びこのように音声に一定の遅延（ディレイ）をかけて、反響の効果を得るものです。カラオケでもおなじみの機能といえますね。「エコーディレイ」は「AUDelay」や「Delay Designer」など複数のディレイエフェクトを組み合わせたツールです。

「エコーディレイ」

▶「ディストーション」

ディストーションとは音を歪ませることを指します。このカテゴリには音声をわざと歪ませて特殊な音色を生み出すツールが収められています。
「Telephone2」は電話の向こうの声をシミュレートするエフェクトです。

「Telephone2」

▶「ボイス」

ピッチをコントロールして、主に声を加工するためのツールが収められています。
「トランスフォーマー」は映画でおなじみのあの「ロボ声」を再現します。

「トランスフォーマー」

▶「モジュレーション」

モジュレーションは音に揺れを加えます。エコーが震えているようなエフェクトです。
「コーラス」は短いディレイで構成されるエフェクトで、音に広がり感をもたせます。

「コーラス」

▶「レベル」

コンプレッサー／リミッターが主に収められています。
「Compressor」は大きな音を下げ、小さな音を上げて聴きやすくするのでよく使われます。音量が大きな部分を範囲を決めて圧縮し、最後に全体の音量を上げます。主にセンターの3つのダイヤルで調整します。圧縮しすぎると、こもった音になるのでバランスが大切です。

「THRESHOLD」:圧縮する範囲を決めます。数値の値より上の音量が圧縮の対象になります。
「RATIO」:圧縮率を調整します。「1」で圧縮なし、「2」で1:2の圧縮率になります。
「MAKE UP」:GAINと同じ機能で、全体の音量を上げます。右の「AUTO GAIN」をオンにすると自動で調整します。

「Compressor」

▶「空間」

空間をシミュレートしたエフェクトが収められています。「AUMatrixReverb」には「Cathedral」(大聖堂)など特殊な反響のある空間を再現します。

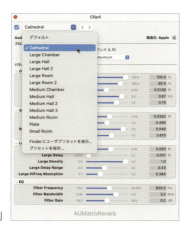

「AUMatrixReverb」

▶「特殊」

音を計測する各種のメーター類が収められています。「MultiMeter」ではレベルと位相をチェックできます。「スペクトラム・アナライザ」は周波数の強度分布を表示します。「CORRELATION(位相)」のレベルが赤に振れている場合はステレオが逆になっている可能性があります。音源をチェックしましょう。

スペクトラム・アナライザ

CORRELATION(位相)

「MultiMeter」

クリップを同期する

Final Cut Proでは複数のクリップを同期してまとめることができます。デジタル一眼カメラで撮影された素材で、映像と別に録音した音声クリップとの同期をとるときに便利な機能です。

❶ はじめに撮影素材と録音素材の2つをライブラリに読み込んでおきます。

この例では左のクリップはカメラのマイクで撮影した素材です。右のクリップは専用のマイクで収録した録音素材です。

❷ 同期したいクリップを選択し、右クリックのメニューから「クリップを同期」を選択するか、「クリップ」メニューの「クリップを同期」を選択します。

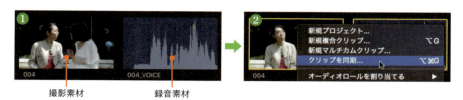

❸ クリップ名を入力して保存します。音声で同期をとる場合は「同期にオーディオを使用」にチェックを入れます。また、録音素材の音声のみを使用する場合には、「AVクリップのオーディオコンポーネントを無効にする」を選択します。

カメラ収録したクリップの音声がオフに設定されます。

❹ 「同期したクリップ」が作成されます。

これは2つのクリップをまとめた複合クリップの形式になっています。通常のクリップと同様にタイムラインで編集に使うことができます。

インスペクタの「オーディオ構成」を確認すると、オリジナルの音声トラックのチェックがオフに、同期した音声クリップがオンになっていることがわかります。カメラで収録したクリップの音声も再生したい場合は、オリジナルの音声トラックのチェックをオンにします。

撮影素材の音声がオフになっている

「同期したクリップ」をダブルクリックすると、2つのクリップが並んでいることがわかります。このクリップ内のストーリーラインでもレベル調整を行うことができます。

▶ クリップの同期を解除する

「同期したクリップ」は、「クリップ」メニューの「クリップ項目を分割」で個別のクリップに戻すことができます。

オーディオ素材を読み込む

効果音や音楽などのオーディオ素材を用意してタイムラインに加えていきましょう。オーディオ素材も映像や写真と同じく、「メディアを読み込む」ウインドウ(P.022)を使って読み込みます。また、「オーディオエフェクト」や「ミュージック」のライブラリにアクセスして読み込むこともできます。

自作した音楽や効果音などのオーディオファイルをライブラリに読み込む場合も「メディアを読み込む」ウインドウから読み込めます。このとき、素材を分類するためにオーディオロールを設定しておくことができます。

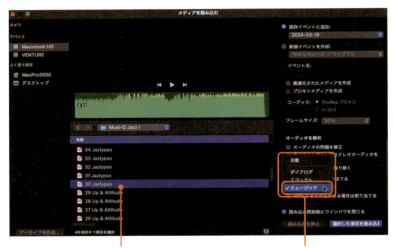

読み込むサウンドファイルを選択 　　「オーディオロールを割り当てる」ポップアップメニュー

読み込んだオーディオファイルはブラウザからタイムラインにドラッグして使います。

動画素材と同様に、オーディオファイルもFinderから直接タイムラインにドラッグして読み込むことができます。読み込んだ素材は自動的にプロジェクトを内包するイベントに追加されます。

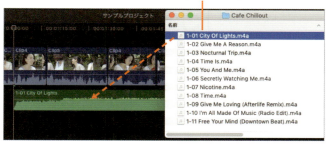

▶「オーディオエフェクト」や「ミュージック」のオーディオファイルを使う

「オーディオエフェクト」の素材を使う場合は、サイドバーの「写真、ビデオ、およびオーディオ」から「サウンドエフェクト」を選択します。
「ミュージック」の楽曲を使う場合も同様に「写真、ビデオ、およびオーディオ」から「ミュージック」を選択し、ライブラリにアクセスします。

オーディオファイルはブラウザ内で再生して試聴できます。素材が決まったら、タイムラインにドラッグして編集素材として使います。

▶POINT◀ **メディアからの読み込みに注意**

音楽CDやUSBメモリなどから直接データの読み込みをした場合、メディアを取り出してしまうと素材を見失ってしまうことがあります。編集用のディスクにコピーしてから読み込むようにしましょう。

ナレーションを加える

「アフレコを録音」を使うと、ナレーションやセリフをタイムラインに直接、録音できます。MacBook ProやiMacなどでは本体の付属マイクを使って録音できますが、本格的な録音をする場合は、外部接続のマイクを揃えて静かな環境で収録しましょう。

▶「アフレコを録音」を設定する

タイムラインのナレーションを収録したい位置に再生ヘッドを合わせ、「ウインドウ」メニューから「アフレコを録音」を選択すると、「アフレコを録音」ウインドウが開きます。

「入力ゲイン」：録音するマイクの音量を調節します。

「名前」：録音するクリップ名を入力します。

「詳細」

「入力」：マイク入力のソースを選択します。オーディオインターフェイスを使う場合はここで選択します。

「モニタ」：オンにするとヘッドホンで音声をモニターしながら録音できます。

「ゲイン」：ヘッドホンで聴く音量を調整します。

　「録音までカウントダウン」：画面上に3秒のカウントダウンが表示されます。

　「録音中にプロジェクトをミュート」：録音時に映像は再生されますが音声はオフになります。

　「テイクからオーディションを作成」：テイク違いを選択できるオーディションクリップが作成されます。

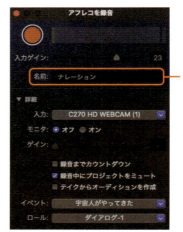

「アフレコを録音」パネル

「録音までカウントダウン」

▶ 録音を実行する

準備ができたら赤丸の録音ボタンを押して録音しましょう。録音ボタンを押すと、タイムラインの再生ヘッドのある位置から録音が開始されます。再び録音ボタンを押すと、録音は停止します。

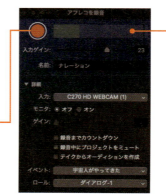

タイムラインには録音された音声クリップが挿入されます。音声クリップは通常のクリップと同様に編集できます。

録音されたクリップ

ミキシング

タイムラインに素材が揃ったら各クリップのレベルを調整し、「ミキシング」を行っていきます。ミキシングとは素材の音量やバランスを調整して、1つにまとめていく作業のことです。セリフが音楽や効果音に消されてしまわないように、レベルを細かく調整していくのがポイントです。最後に全体を通してプレビューしてOKなら、ミキシングの完了です。

▶ セリフのレベルを合わせる

セリフのレベルがカットごとに違うと違和感を感じるので、はじめにセリフをレベルを合わせておきましょう。
オーディオメーターのレベルがピークを越えて赤にならないように注意して調整します。
再生してみてレベルのピークが「−6」あたりを上下しているくらいがちょうどよい音量の目安です。

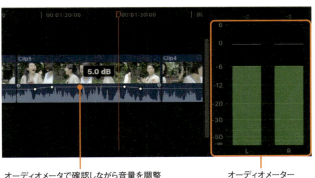

オーディオメータで確認しながら音量を調整　　オーディオメーター

▶効果音を加える

効果音には2種類あります。映像に合わせて付け加える音と、心理面を表現する音です。前者は銃声や足音など、動きに合わせて加える音のことです。後者は雨音や汽笛など、画面に写っていなくても加える音のことです。喜怒哀楽のきっかけで短い音楽を入れる「アタック」も心理描写の1つです。

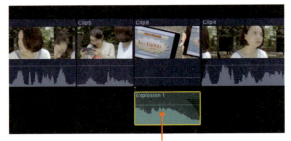

効果音は"効果的"にポイントで入れる

▶音楽で盛り上げる

音楽を加えて全体を締めましょう。音楽は作品の個性を表現します。また、場面転換を教えるきっかけにもなります。セリフやナレーションのある場所は音量を下げ、聴きやすいミキシングを心がけましょう。

最初は音楽のレベルを少し大きめに

▶POINT◀ 「ループ再生」を活用しよう

ミキシングではタイムラインの同じ場所を繰り返し再生する「ループ再生」を活用すると便利です。
「ループ再生」は、まず「表示」メニューから「再生」→「ループ再生」を選択してチェックを入れます。続いて、「表示」メニューから「再生」→「周囲を再生」を選択します。タイムライン上にある再生ヘッドを中心に決められた時間をループ再生します。
「周囲を再生」の継続時間はメニューから「Final Cut Pro」メニューの「設定」で表示されるウインドウで「再生」パネルを選択し、「プリロール継続時間」と「ポストロール継続時間」で設定します。

```
Final
Cut
Pro
Guidebook
```

第4章
上級編：
さまざまなテクニック

上級編では色の補正や画面合成など、特定の用途に用いるテクニックを解説します。
Final Cut Pro には、Mac だけでなく iPhone や iPad の開発で長年培ってきた動画処理の技術が集約されています。たとえば「カラー調整」エフェクトは、機械学習を用いて色や明るさの調整を自動で行うことができます。また、「クロマキー」では色の情報をもとに映像を合成し、「シーン除去マスク」では被写体の動きを判断して映像を合成します。これらの機能は高度な画像処理を行っていますが、使い方はとてもシンプルです。
Final Cut Pro に収められた先端の画像処理技術を使ってみましょう。

Section 01
Color correction

Final
Cut
Pro
Guidebook

色補正の基本テクニック

映像編集の過程で、色の調整（カラーグレーディング）はとても重要です。カットごとに異なる色調や彩度を整えることで、シーン全体に統一感をもたらします。Final Cut Proにはさまざまなタイプの色補正ツールが搭載されています。

Final Cut Proの色補正ツール

「ライトとカラーの補正」による自動補正

「カラー調整」に収められている「ライトとカラーの補正」では、機械学習によってクリップの明るさと色を自動補正することができます。自動補正のあとは「露出」や「サチュレーション」などを調整し、好みの色合いに仕上げることができます。

▶ クリップに「ライトとカラーの補正」を設定する

❶ クリップを選択し、ビューア左下にある「色補正とオーディオ補正のオプション」をクリックして、ポップアップメニューから「ライトとカラーの補正」を選びます。

明るさと色が補正され、落ち着いた画調になりました。

▶「カラー調整」で好みの色調に調整する

自動補正をしたクリップをさらに調整してみましょう。

❶「ライトとカラーの補正」を設定したクリップを選択し、「ビデオインスペクタ」から「カラー調整」の右に表示されている虹色の三角形をクリックして設定パネルを開きます。

❷「カラー調整」の設定パネルが開きます。「ライトとカラーの補正」が設定され、「ライト」と「カラー」の2つのセグメントで自動調整がオンになっています。

❸ 各項目のスライダーを操作して好みの明るさと色に調整します。

「露出」では主に画面の明るさ、「サチュレーション」では色の濃さを調整します。
このように「カラー調整」では自動補正をしたあとに、手動で細かく調整できます。

「マッチカラー」

「マッチカラー」はクリップの色調を別のクリップの色調に合わせるフィルタです。カットをつなげてみたとき、前後のクリップで明るさや色調が違うと不自然です。「マッチカラー」を使って自然につながるように調整できます。

▶「マッチカラー」を設定する

❶ 色調を変えたいクリップを選択し、「色補正とオーディオ補正のオプション」ポップアップメニューから「マッチカラー」を選択します。

ビューアの左側に「マッチカラー」の選択画面が表示されます。

「マッチカラー」の選択画面

❷ 色調を参照するクリップをマウスでスキミング再生し、色調を揃えたい箇所を決めます。

参照するクリップはタイムライン上だけでなく、ライブラリ内のクリップでもかまいません。

スキミング再生で色調を揃えたい箇所を決める

❸ 合わせるクリップの箇所が決まったらクリックし、「マッチを適用」ボタンを押します。

参考にしたクリップにあわせてクリップの色味が変わりました。このように、「マッチカラー」はクリップ間の色調を簡単に調整できます。

なお、まったく異なる色調のクリップを参考にすると、色味が変わってしまいますので注意しましょう。

「マッチカラー」をオフにする

設定した「バランスカラー」をオフにするにはクリップを選択し、「ビデオインスペクタ」から「マッチカラー」のチェックを外します。

「カラーボード」による色と明るさの調整

「カラーインスペクタ」には5つの色補正ツールが収録されています。ここでは基本の色補正ツール「カラーボード」を使った色補正について解説しましょう。

▶「カラーボード」を表示する

❶ クリップを選択し、「色補正とオーディオ補正のオプション」ポップアップメニューから「カラーインスペクタを表示」を選択します。または、インスペクタの「カラーインスペクタ」ボタンをクリックします。

❷「カラーインスペクタ」が開くので、「補正なし」タブから「カラーボード」を選択します。

「カラーボード」が表示されます。
「カラーボード」には「カラー」「サチュレーション（彩度）」「露出」の操作パネルがあります。各パネルで調整した値はリセットボタンで初期値に戻せます。また、設定した値をプリセットとして登録しておくこともできます。

カラーボード

▶「カラー」パネル

「カラー」では色域の調整を行います。調整は4つのコントロールをドラッグして行います。

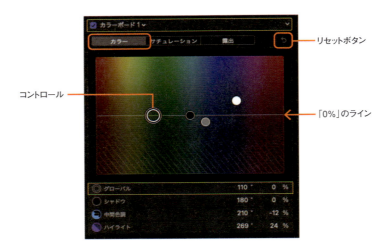

カラーボードの中心にある横線は0％のラインです。このラインの上がプラスの領域、下がマイナスの領域です。コントロールはライン上であればどこにあっても0％なので画面に変化はありません。表示される角度はコントロールがある色域の位置を指します。つまり「カラー」では横軸が変化させる色域の選択、縦軸が色の増減になっています。

「グローバル」：色域全体の調整を行います。
「シャドウ」：暗い部分の色を変えます。主に影になっている部分です。
「中間色調」：中間域の色を変えます。主に人の肌の部分です。
「ハイライト」：明るい部分の色を変えます。主に光が当たっている部分です。

MEMO ●●●●●●●

▶エフェクトブラウザから色補正ツールを設定する

色補正ツールはエフェクトブラウザの「カラー」カテゴリにまとめて収められています。エフェクトブラウザから「カラーボード」を選択して、クリップにドラッグして設定できます。

「カラー」のコントロール

それでは実際に「カラー」のコントロールを動かしてみましょう。ここでは色の配分を波形で確認するために「ビデオスコープ」を表示します。

❶ ビューアの「表示」から「ビデオスコープ」を選択して表示します。

❷「ビデオスコープ」が表示されます。右上のプルダウンメニュー📊から、「スコープ」→「ヒストグラム」、「チャンネル」→「RGBパレード」を選択します。

このグラフでは、左側が暗く、右側が明るい成分の分布を表しています。

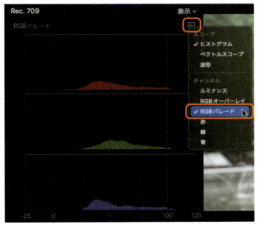

「RGBパレード」

❸ はじめに「カラー」の「グローバル」を上方向にドラッグしてみましょう。

上方向は+(プラス)、つまり色を増やす領域です。ビューアの色合いが変わったことがわかりますね。ビデオスコープでは緑の輝度が増え、赤と青の輝度が減っています。

緑の輝度が増え、赤と青の輝度が減る

❹ 次に「グローバル」を下方向にドラッグしてみましょう。

下方向は−（マイナス）、つまり色を減らす領域です。ビデオスコープでは緑の輝度が減り、赤と青の輝度が増えているのがわかります。全体の明るさを保持するため、ある色を増減させると、その色だけでなく、他の色も相対的に増減するのです。

緑の輝度が減り、赤と青の輝度が増える

❺ リセットボタンを押して、設定を元に戻します。

❻ 次に「シャドウ」を動かしてみましょう。

図のようにドラッグすると、後方の林の部分が青くなりますが、明るい箇所には大きな変化はありません。「シャドウ」で変化する範囲は暗い部分が中心になるのです。

青の暗い部分が底上げされる

❼「ハイライト」の部分をドラッグすると、光が当たっている部分の色域が大きく変化します。

暗い部分の変化は大きくありません。「ハイライト」で変化する範囲は明るい部分が中心になるのです。

光が当たっている部分の色域が変化する

このように「カラー」では画面の中での色の強弱を4つのコントロールを使って調整します。この例では「ハイライト」の赤の比率を上げて、暖かみのある色調にしてみました。

▶「サチュレーション」パネル

サチュレーションとは彩度のことです。色の濃さを調整します。「カラー」と同様に「グローバル」「シャドウ」「中間」「ハイライト」の4つの調整コントロールがあります。「サチュレーション」のコントロールは上下方向のスライダのみで横方向はありません。

❶「グローバル」のスライダを動かして「-100％」にしてみましょう。

彩度が低下し、白黒表示になります。このとき、RGBの各色はすべて同じ波形になります。色による違いがなくなるためです。

どれも同じ形の波形　　モノクローム　　-100％

❷「グローバル」のスライダを動かして「+100％」にしてみましょう。

すると色味が濃く、鮮やかになります。「サチュレーション」は色のメリハリをコントロールするツールです。

100％

▶「露出」パネル

画面の明るさを調整するパネルです。輝度信号（＝ルミナンス）のレベルを調整します。「サチュレーション」と同様に4つの調整コントロールがあり、すべて上下方向のスライダになっています。
「グローバル」を-100%にすると画面は黒になります。

❶「グローバル」のスライダを動かして-70％にしてみましょう。

すると画面の明るさが低下します。このとき黒からつぶれていくように変化するため、ビデオレベル全体が低下していく「不透明度」とは異なって見えます。

波形が左に移動していく　　　暗くなる　　　−70％

❷「シャドウ」のレベルを下げ、「ハイライト」を上げます。

コントラストが強くなり、日差しを強く感じる画面になります。

コントラストを強める傾き

❸「シャドウ」のレベルを上げ、「ハイライト」を下げます。

コントラストを抑え、淡い印象の画面になります。

コントラストを弱める傾き

このように、「カラーボード」では、「カラー」「サチュレーション」「露出」の3つのボードを使って色の調整を行うことができます。

▶シェイプマスク

シェイプマスクを使うことで、画面の特定の範囲を設定して色や明るさを変えることができます。

❶「色補正」の右にあるポップアップメニュー ◨ から「シェイプマスクを追加」を選択します。

クリックしてポップアップメニューを表示

❷ 画面にシェイプマスクが表示されるので、ドラッグして範囲を調整します。
シェイプマスクの2重線は内側と外側とのボケ具合の調整になります。

シェイプマスク

❸ カラーボードで色を調整します。
シェイプマスクでは範囲の内側と外側で異なる設定ができます。ここでは「マスク」で「外側」を選び、「サチュレーション」を使ってシェイプマスクの外側の彩度を抑えるようにしました。

全体の彩度を下げる

▶ カラーマスク

一定の色域を指定して色や明るさを変えることができます。

❶「色補正」右にあるポップアップメニュー■から「カラーマスクを追加」を選択します。

「カラーボード1」に「カラーマスク」が追加されます。

❷「スポイト」ツールを選択し、ビューアで変更する色の場所をクリックします。

ドラッグして範囲を指定することもできます。

「スポイト」ツールで変更したい色をクリック

❸ カラーボードで調整をします。

この例では画面のバラの色を変えてみました。

▶ カラーボードのプリセット

エフェクトブラウザにはあらかじめ設定されたカラーボードのプリセットがいくつも用意されています。エフェクトブラウザを開き、「カラーボードプリセット」から好みのプリセットをクリップにドラッグして適用します。

エフェクトブラウザの「カラーボードプリセット」

▶ レンジチェック

サチュレーション（彩度）とルミナンス（輝度）が「0％〜100％」の範囲からはみ出している部分をビューアで表示できます。それには、ビューアの「表示」→「レンジチェック」→「ルミナンス」を選択します。画面中の範囲外の部分がゼブラトーン（縞模様）で表示されます。

▶POINT◀ 輝度がオーバーしているときは「ブロードキャストセーフ」を使う
放送用の動画では輝度を100％に収める規定があります。エフェクトブラウザから「カラー」→「ブロードキャストセーフ」を適用すると、輝度を100％以内に収めてくれます。

その他の色調整ツール

「カラーインスペクタ」には、「カラー調整」「カラーボード」の他に、「カラーホイール」「カラーカーブ」「ヒュー／サチュレーションカーブ」の色補正ツールがあります。

▶「カラーホイール」

「カラーホイール」は、カラーボードの「カラー」「サチュレーション」「露出」を1つのパネルにまとめたものです。円形のホイールの中央には色合いを調整するコントロールが配置されています。ホイールの左側のスライダーがサチュレーション（彩度）、右側のスライダーが露出（明るさ）のコントロールになります。カラーボードと異なり、パネルを移動しなくても彩度や露出が調整できるため、慣れてくるとすばやく設定できるようになります。

また、パネル下部にある「温度」のスライダーではクリップの色温度を数値で調整できます。

カラーホイール（単一ホイール）

パネル右上の「表示」タブから「すべてのホイール」を選択すると、「グローバル」「シャドウ」「中間色調」「ハイライト」の4つのホイールがすべて表示されます。

各ホイールは色相環（color circle）で色が配置されており、中央のコントロールを特定の色の方向に移動すると、補色関係にある反対側の色が減色します。たとえば、赤みを増やすと緑色が減る、という具合です。

色のバランス配分が視覚的につかみやすいのがカラーホイールの特徴と言えるでしょう。

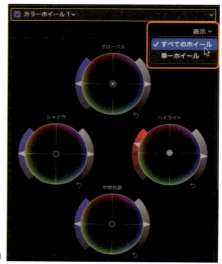

カラーホイール（すべてのホイール）

▶「カラーカーブ」

「カラーカーブ」は微調整をしたいときに役に立つツールです。ある特定の色域をピッカー(「スポイト」ツール)で選択し、色合いや明るさを調整します。クリップが表示されたビュアー内で補正したい色をピッカーでクリックします。カラーカーブにピッキングした色域を中心にコントロールポイントが追加されるので、ドラッグして調整します。たとえば、「ルミナンス」のカーブをSの形にすると、画面のコントラストが強調されます。Photoshopでトーンカーブを使ったことのある方なら、カラーカーブに慣れることができるでしょう。

▶「ヒュー／サチュレーションカーブ」

「ヒュー」は色相、「サチュレーション」は彩度を指します。緻密に特定の色を調整したいときに便利なツールです。「ヒュー対ヒュー」は色相のみ、「ヒュー対サチュレーション」は色相と彩度の両方を、「ヒュー対ルミナンス」では色相と輝度を同時に調整します。カラーカーブと同様に、はじめに「スポイト」ツールで画面内の特定の部分(頬やリップなど)をクリックまたはドラッグして調整する方法が一般的です。

「バランスカラー」でホワイトバランスをとる

画面内の「白」にあわせて補正する「ホワイトバランス」を使うことができます。

❶ クリップを選択し、ビューア左下にある「色補正とオーディオ補正のオプション」から「バランスカラー」を選びます。

❷ 「バランスカラー」を設定したクリップを選択し、「ビデオインスペクタ」の「バランスカラー」→「方法」を「自動」から「ホワイトバランス」に変更します。

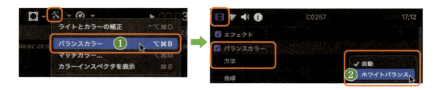

❸ カーソルが「スポイト」ツールに変わるので、ビューアの画面から白色の箇所をクリックします。クリップの色調が白をベースにして補正されます。

> MEMO ●●●●●●
>
> ▶デフォルト（初期設定）の色補正ツールを設定する
>
> インスペクタの「カラーインスペクタ」ボタンをクリックしたときに、最初に表示される色補正ツールは「カラーボード」になっていますが、他のツールに変更することもできます。それには、「Final Cut Pro」メニューから「設定」を選択し、「一般」パネルの「色補正」のプルダウンメニューで、初期設定の色補正ツールを選択します。
>
>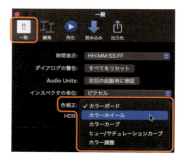

「Log」素材にLUTを適用する

カメラの機種によってはLogモードで撮影することで白飛びや黒つぶれの少ない、広いダイナミックレンジの動画を記録できます。Logモードは情報量が多いので大胆に色調整をしても破綻しにくいのが特徴です。

ただし、素材のままでは色が淡い色調になるので補正処理が必須です。編集時に補正情報が設定された「LUTファイル」を適用することでLogモードの素材の色調整が簡単になります。

LUT適用前

LUT適用後

▶「カメラのLUT」を確認する

はじめにクリップに内蔵のLUTが設定されているか、確認してみましょう。LUTとは「Lookup table」の略で色や明るさなどがあらかじめ調整された設定ファイルのことです。

❶ ライブラリに読み込んだクリップを選択し、インスペクタを開いて、「情報」インスペクタをクリックします。

❷ ウインドウ下に表示される「メタデータ表示」ポップアップメニューから「設定」を選択します。

❸ 「カメラのLUT」プルダウンメニューでLUTが設定されているか確認します。設定されていない場合は適合するLUTを選択します。

この例ではFinal Cut Proに内蔵された「Sony S-Log2/S-Gamut」が選択されています。

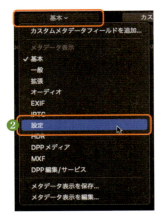

▶POINT◀ **LUTがなくても大丈夫**

Logモードで撮影された素材はLUTが設定されなくても、Final Cut Proの色調整ツールを使って補正できます。LUTファイルは色調整を簡便にするためのプリセットと捉えればよいでしょう。

▶「カスタムLUT」を設定する

「カスタムLUT」を使うことで、カメラメーカーやサードパーティが配布・販売しているLUTファイルをクリップに適用できます。映画やドキュメンタリー風のLUTを使えば、映像の雰囲気を変える効果も生まれます。

❶ タイムラインのクリップにエフェクトブラウザの「カラー」から「カスタムLUT」をドラッグします。

❷ クリップを選択し、インスペクタを開きます。
はじめにダウンロードした「LUT」を登録しておきましょう。

❸「カスタムLUT」の「LUT」プルダウンメニューから「カスタムLUTを選択」を選択し、LUTファイルまたはLUTファイルが収められたフォルダを選択します。
LUTファイルがFinal Cut Proに登録されます。

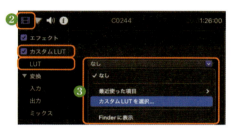

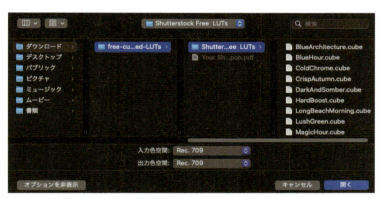

LUTファイルが収められたフォルダを選択

❹「LUT」プルダウンメニューから使いたいLUTを選択してクリップに適用します。

MEMO ●●●●●●

▶LUTファイルはダウンロードで手に入れよう

Final Cut ProではDaVinci Resolveなどで使われるCUBE形式のLUTファイルに対応しています。
LUTファイルはダウンロード販売のほか、無料で提供されているものもあります。
本例では「shutterstock」の「13 CUSTOM STYLIZED LUTS」を使用しました。

https://www.shutterstock.com/blog/free-luts-for-log-footage
By: Todd Blankenship, Annie St. Cyr

「HDR」素材を編集する

iPhoneなどでは「HDR」=「ハイダイナミックレンジ」モードで撮影できます。HDRで撮影された素材は対応したモニター環境で再生すると豊かな色調で視聴できます。しかし、一般的なビデオ環境で再生すると輝度が高く、白飛びした映像になってしまいます。

▶「自動カラー適合」を設定する

Final Cut Proでは、HDR素材と通常のビデオ素材（SDR素材）が混在していても、「自動カラー適合」によって色空間が自動調整されます。確認してみましょう。
「Final Cut Pro」メニューから「設定」を選択し、「一般」のパネルで「HDR」の「自動カラー適合」のチェックを入れておきます。

SDRのプロジェクトのタイムラインにiPhoneで撮影されたHDRのクリップを挿入してみます。ビデオインスペクタで確認すると、「カラー適合」の「タイプ」が「自動」に、「変換のタイプ」が「HDR（HLG）からSDR」になっているのがわかります。

iPhoneで撮影されたHDRのクリップを挿入

「カラー適合」のチェックを外すと、白飛びした映像になります。このように、「自動カラー適合」によって「HDR」素材は自動的に色空間が変換されるのです。

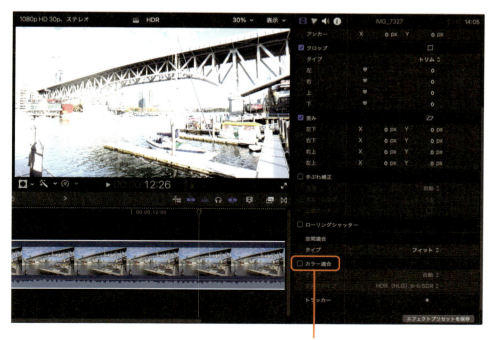

「カラー適合」のチェックを外す

SECTION 01 色補正の基本テクニック

「カラー適合」の変換を手動で行うには、「タイプ」を「手動」にし、「変換のタイプ」のプルダウンメニューから設定を選択します。

▶HDRの色空間で編集する

HDR素材をオリジナルの色空間で編集する際には、はじめにライブラリの設定を変えておきます。

❶ ライブラリを選択し、インスペクタの「ライブラリのプロパティ」から「変更」をクリックします。

❷「ライブラリ"〜"の色処理設定を変更します。」と表示されます。「Standard Gamut SDR」から「Wide Gamut HDR」に変更し、「変更」をクリックします。

プロジェクトを作成する際にHDR素材に適した色空間を選択します。

iPhoneで撮影された「HLG」（HDRの一種）の色空間で編集する場合は、「レンダリング」の「色空間」で「Wide Gamut HDR - Rec.2020 HLG」を選択します。

MEMO ●●●●●●●

▶HDRツールはFinal Cut Pro10.6以前の色空間変換ツール

「カラー適合」はFinal Cut Pro10.7以降で標準になりました。Final Cut Pro10.6以前のプロジェクトでは「HDRツール」を使って色空間を設定していました。Final Cut Pro10.7以降でもエフェクトの「カラー」から「HDRツール」を選択できますが、通常は「カラー適合」を使ったほうが便利です。

Section 02 Keying

Final
Cut
Pro
Guidebook

クロマキー合成と
シーン除去マスク

特定の色を使って背景を合成するテクニックをクロマキー合成と呼びます。緑色の背景で合成する「グリーンスクリーンキーヤー」は高度なクロマキー合成ツールです。

映画のメイキングなどで緑の背景の前で俳優が演技している場面を観たことはありませんか？　緑の背景＝グリーンバックの部分は、あとからCGや風景が合成されるわけです。このSectionでは「グリーンスクリーンキーヤー」と、動きの差分で合成を行う「シーン除去マスク」を解説します。

■「グリーンスクリーンキーヤー」で合成する

「グリーンスクリーンキーヤー」(旧称「キーヤー」)を使用して、背景を合成してみましょう。

▶ 合成の手順

グリーンバックのクリップに背景を重ねる

❶ イベントからグリーンバックで撮影した人物のクリップを選択し、基本ストーリーラインに配置します(次ページ図)。

❷ 背景のクリップを選択し、人物のクリップの下に配置します。

このとき、背景のクリップは人物のクリップに接続した形になります。

グリーンバックの部分を切り抜く

はじめに人物のクリップから緑の部分を切り抜きます。

❶ エフェクトブラウザの「マスクとキーイング」から「コーナーのマスク」を選択し、人物のクリップに適用します。

「コーナーのマスク」は画面を簡単に切り取るツールです。

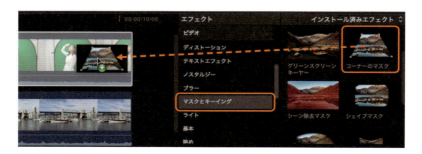

❷ クリップを選択し、ビューアで四隅に表示されるコントロールを操作して、切り抜く範囲を設定します。

❸「コーナーのマスク」では範囲をうまく設定できない場合は、「シェイプマスク」または「マスクを描画」を使います。
「マスクを描画」は制御ポイントを細かく設定して切り抜くツールです。

「グリーンスクリーンキーヤー」で切り抜く
人物のクリップから緑色の部分をキーとして切り抜きます。

❶ エフェクトブラウザの「マスクとキーイング」から「グリーンスクリーンキーヤー」を選択し、人物のクリップに設定します。

❷ クリップの緑色の部分が透明になり、背景と合成されました。インスペクタを開いて、合成の微調整を行います。

▶「グリーンスクリーンキーヤー」の基本パラメータ

「グリーンスクリーンキーヤー」は高度なクロマキーツールのため、調整を行う項目が多くあります。

「グリーンスクリーンキーヤー」

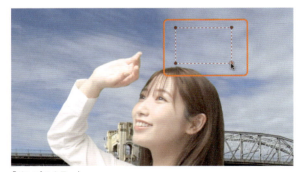

「サンプルカラー」

「キーを微調整」

「サンプルカラー」：切り抜く色を追加して選択します。ビューア上で範囲を指定します。

「エッジ」：切り抜くエッジを調整するツールです。抜きたい色と、抜かない色を指定し、その間の抜き具合をスライダで調整します。

サンプルカラーとエッジは同時にいくつも設定できます。設定したサンプルカラーやエッジはdeleteキーで削除できます。

「エッジ」

「強度」
キーで抜く度合いを調整します。

「サンプルに移動」
キーフレームが設定された場合、キーフレーム間の移動のために使います。

「表示」
　「コンポジット」：キーヤーの結果が表示されます。
　「マット」：キーアウトした箇所が白で表示されます。
　「オリジナル」：合成する前のクリップが表示されます。

「穴を埋める」
被写体に残るキーアウトが不十分な部分を消したいときに使います。強すぎるとエッジの処理が汚くなります。

「エッジの距離」
エッジのボケ味を調整します。

「スピルレベル」
グリーンバックの場合は緑色が被写体に漏れることがあります。この漏れを目立たなくします。ただし強度に用いると被写体の色全体が変わってしまいます。

「反転」
切り抜く部分を反転させます。切り抜き具合をチェックする際に便利です。

「ミックス」
エフェクト前とエフェクト後の映像をダブらせます。

「表示」：「コンポジット」

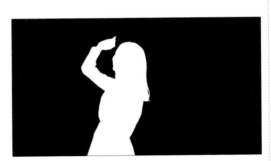

「表示」：「マット」

「表示」：「オリジナル」

「反転」

▶「グリーンスクリーンキーヤー」の高度なクロマキー設定

「グリーンスクリーンキーヤー」にはさらに高度な設定項目があります。緻密なクロマキー処理を行いたい場合は以下のパラメータを調整してみるとよいでしょう。

「カラー選択」
キーとなる色成分をカラーホイールを用いて、細かく選択できます。「サンプルカラー」で指定した範囲をより詳細に追い込んでいくことで、精度の高いキーアウト（切抜き）処理を行います。

「グラフ」：「スクラブボックス」は「サンプルカラー」で設定した範囲を元に色の範囲を設定します。「手動」は「サンプルカラー」とは関係なく、色の範囲を任意で設定できます。

「ルミナンス」：輝度（明るさ）を元にキーアウトする範囲を調整します。

「クロマロールオフ」：合成処理では合成した画のエッジの部分が適度にぼけて、背景になじむときれいに見えます。「クロマ」のカラーホイール内の扇型の端からの透明の度合いを調整します。調整結果はカラーホール左下の斜めカーブの傾き具合に反映されます。0％だとボケ具合が最大に、100％だとエッジの硬い合成になります。

「ルミナンスロールオフ」：ルミナンスを元にエッジの調整を行います。調整結果はカラーホール下のルミナンス範囲の傾き具合に反映されます。

「ビデオを修正」：4:2:0や4:1:1など色成分が圧縮されている素材を用いるときにチェックを入れておきます。色情報の粗さが原因でエッジがギザギザ状になるのを防ぎます。

「マットツール」
キーアウトする部分をマットと呼びます。マットツールではマットのコントラストやサイズを調整できます。

「レベル」：合成する画像で半透明になる部分を調整できます。レベルには「黒」「バイアス」「白」のポインターがあります。▶をクリックしてオプション類を開くと、スライダーや数値で設定することも可能です。
マットでは黒の部分が透明、白の部分が不透明になります。黒のスライダを右に動かすと、マットの中での透明部分が増えます。白のスライダを左に動かすと、マットの中で不透明な部分が増えます。バイアスは灰色（＝半透明）な部分です。白に近づけると不透明な部分から半透明に至るまでのカーブがきつくなり、通常はエッジの部分が硬くなります。
「縮小／拡大」：マットの範囲を調整します。
「和らげる」：エッジの部分にボケ味を追加します。
「縮小」：エッジからの透明部分の範囲を広げます。

「スピルの抑制」
スピルとは「漏れ」の意味です。グリーンバックで撮影した際に、緑の光が被写体に反射し、不自然な色になってしまうことがあります。「スピルの抑制」ではキーの色を抑える色（補色）を被写体に加えることで、色漏れしている部分を目立たなくさせます。

「スピルコントラスト」：スピルの抑制で加える色のコントラストを調整します。
「色合い」：スピルの抑制で加える色の量を調整します。スピルの抑制が必要ない場合は「0％」にしておきます。色合いの量が多過ぎると被写体全体の色が変わってしまうので配分は慎重に。
「サチュレーション」：被写体の彩度を調整します。彩度を下げることで、色漏れが目立たなくなります。「色合い」と合わせて用います。

「ライトラップ」
「ライトラップ」では背景に合成した素材からの光の漏れを再現します。

「量」：エッジからの光の漏れる範囲を調整します。ライトラップが必要ない場合は「0」にしておきます。
「強度」：光の漏れ具合を色の強度を中心に調整します。
「不透明度」：ライトラップエフェクトの透明度を調整します。100％で最も濃く、0％で最も薄くなります。
「モード」：ライトラップで適用した光の部分の合成具合を5つのモードから選択できます。
「ミックス」は、「グリーンスクリーンキーヤー」の「ミックス」と同じです（P.203参照）。

クロマキーはアイデア次第で多彩な演出が可能になる合成テクニックです。いろいろ試してみて、映像作品ならではの楽しい効果を作ってみましょう。

「シーン除去マスク」で合成する

「シーン除去マスク」は動きの差分で合成を行うシンプルなツールです。

▶ 合成用のカットを撮影する

1つのカット内で人物と、人物が写っていない背景のみの映像を撮影しておきます。この例では、最初に人物がポーズをとり、その後に人物が画面から去ったカットを撮影しました。うまく切り抜くために、三脚を使って背景が動かないように撮影しています。

ポーズをとる人物

人物が去り、背景のみ

▶「シーン除去マスク」を設定する

❶ タイムラインにクリップを配置し、エフェクトブラウザから「マスクとキーイング」→「シーン除去マスク」を選択してクリップに適用します。

❷ビデオインスペクタを開き、クリップの中で背景が撮影されている箇所を指定します。

この例では背景はカットの最後に撮影しているので「参照」から「最後のフレーム」を選択しています。ビューアでは切り抜かれる範囲が黒色で表示されます。

❸クリップを選択し、optionキーを押しながらクリップを上にドラッグしてコピーを作成します。このとき、下に位置するクリップの「シーン除去マスク」のチェックを外しておきます。

下のクリップは「シーン除去マスク」のチェックを外す

❹上下のクリップの間にタイトルを挿入します。

タイトルはいったんクリップの上に配置し、文字やサイズをある程度、設定してから配置すると調整がしやすくなります。

タイトルを挿入

207

❺ ビューアで確認しながらタイトルのサイズや色、エッジなどを調整します。
背景と人物の間にタイトルが表示されました。

人物のクリップは切り抜かれているので、背景を他のクリップに差し替えることもできます。

「シーン除去マスク」はこのように、グリーンバックを使わなくても手前の被写体と背景を分離できるので、便利なツールです。ただし、エッジの調整など細かい設定項目がないため、簡易的な用途に限定して使ったほうがよさそうです。

Section 03
Slow motion

Final Cut Pro Guidebook

スローモーションと静止画

スポーツシーンにはスローモーションは欠かせません。Appleシリコン搭載のマシンなら、機械学習を活用した高品質のスロー映像を作成できます。

映像の再生速度を変化させる「リタイミング」

タイムラインでスローモーションや倍速、静止画などを作り出すツールが「リタイミング」です。

▶「リタイミング」を設定する

クリップに「リタイミング」を設定し、再生速度を変えてみましょう。タイムラインで速度を変えたいクリップを選択し、ビューア下部にある「リタイミング」プルダウンメニューから速度を選びます。ここでは「低速」→「50％」を選びました。

クリップを選択　リタイミングオプション

「リタイミングエディタ」がクリップに表示されます。クリップの長さが2倍に伸びることで、2倍のスローモーション映像で再生されます。

再生速度を変更する

リタイミングエディタ中央の▼をクリックして速度を選択し、再生する速度を変更できます。「速く」を選ぶと早回し再生になります。「標準100%」を選択すると通常速度での再生に戻ります。

バーの右端をドラッグすると手動で速度を調整できます。バーを伸ばせばスローモーションになります。バーを短くすると早回し再生になります。

プルダウンメニューから「カスタム」を選択すると「カスタム速度」が表示されます。

「方向」:「逆再生」にチェックを入れるとクリップの最後のフレームから逆回しで再生されます。

「速度を設定」:「レート」は「%」で数値を設定できます。「リップル」にチェックを入れると現在のクリップの長さに合わせて自動調整されます。「継続時間」は入力した時間に応じて速度を調整します。

「クリップビデオの品質」：再生時の品質を設定します（下記の「ビデオの品質」参照）。

リタイミングエディタを閉じる

クリップに表示されたリタイミングエディタを閉じるには「リタイミング」プルダウンメニューから「リタイミングエディタを隠す」を選択します。

▶「リタイミング」の詳細設定

ビューアの「リタイミング」プルダウンメニューには「リタイミング」に関する設定項目とプリセットが収められています。「インスタントリプレイ」は自動でスローリプレイするプリセットです。

「低速」：スローモーションの再生速度を設定します。

「スローモーションをスムージング」：機械学習による高品質なスローモーションを設定します。

「高速」：早回しの再生速度を設定します。

「標準（100％）」：クリップを標準速度で再生します。

「ホールド」：選択したクリップ上の再生ヘッドの位置で静止画を作成します。

「ブレード速度」：再生ヘッドの位置でリタイミングエディタを前後に分けます。

「カスタム」：カスタム設定を表示します。

「クリップを反転」：速度を維持したまま逆再生します。

「速度をリセット」：「標準（100％）」に戻します。

「自動速度」：クリップのフレームレートを無視し、タイムラインのフレームレートに合わせて再生します。

「速度ランプ」
　　「0％へ」：徐々に動きが遅くなります。
　　「0％から」：遅い動きを徐々に早くします。

「インスタントリプレイ」：クリップのコピーを作成し「リプレイ」します。

「早戻し」：クリップの終わりまで再生すると逆再生してから「リプレイ」します。

「マーカーでジャンプカット」：クリップにマーカーを打っておくと、マーカーのあるフレームを間引きします。

「ビデオの品質」
　　「高速（フロア）」：スローモーション時にフレームを重複して再生します。
　　「高速（直近フレーム）」：スローモーション時に前後のフレームを足して再生します。
　　「標準品質（フレームの合成）」：動きの中間フレームを前後のフレームから合成します。
　　「高品質（オプティカルフロー）」：動きの中間フレームを演算して描画します。輪郭線などが不自然に見える場合があります。
　　「最高品質（機械学習）」：動きの中間フレームを機械学習を元に描画します。オプティカルフローより破綻が少なくスムーズに再生します。

「ピッチを保持」：早回し再生で声のトーンが変わるのを抑えます。チェックを外すと"テープの早回し声"になります。

「速度トランジション」：段階的な速度設定の間をスムーズにつながるように補正します。

「リタイミングエディタを表示／隠す」：リタイミングエディタの表示、非表示を切り替えます。

> **MEMO** ● ● ● ● ● ● ●
>
> ▶機械学習を活用した「スローモーションをスムージング」
>
> Final Cut Pro10.8 以降ではリタイミングの際に「スローモーションをスムージング」を使用できます。これはスローモーションの際に補完するフレームを機械学習アルゴリズムを使って新たに生成するものです。従来の「オプティカルフロー」と比べ、破綻の少ない高品質な映像を作り出すことができます。
>
> なお、機械学習を使ったスローモーションは、Appleシリコン搭載のMacが必要です。また、4Kのフレームサイズを超える場合はM2チップ以降を搭載したマシンが必要になります。
>
>

静止画（フリーズフレーム）

動画の途中で動きをピタっと止めるにはリタイミングエディタよりも簡単な「フリーズフレーム」を用います。「フリーズフレーム」は静止画を自動的に作成してタイムラインにクリップとして表示します。

▶「フリーズフレーム」を作成する

❶静止画を作成するフレームの位置に再生ヘッドを移動させます。

❷「編集」メニューの「フリーズフレームを追加」（またはoption＋「F」キー）を選択します。

再生ヘッドの位置でフリーズフレームがタイムラインに作成されます。

作成された後は通常のクリップと同様に長さを変えたり、エフェクトを設定したりできます。

「フリーズフレーム」の秒数を設定する

フリーズフレームが作成される秒数は、「Final Cut Pro」メニューの「設定」で表示されるウインドウの「編集」パネルで、「継続時間」の「静止画像」で設定できます。

▶ 静止画を書き出す

タイムラインからJPEGなどの静止画ファイルを書き出すことができます。

❶ はじめに、「Final Cut Pro」メニューの「設定」で「出力先」パネルを表示し、「出力先を追加」から「現在のフレームを保存」を選択して出力先に追加しておきます。

❷ 編集中に静止画を書き出すには「共有」プルダウンメニューから「現在のフレームを保存」を選びます。または、「ファイル」メニューから「共有」→「現在のフレームを保存」を選択します。

❸ ファイルタイプと書き出し先を設定して保存します。

再生ヘッドの位置のフレームが静止画像として保存されます。書き出した静止画は「メディアを読み込む」でライブラリに読み込んで編集に使うことができます。

Section 04 Multicum

マルチカム編集を行う

Final Cut Proでは、インタビューやライブ映像など、複数のカメラで撮影した映像素材をスイッチングの要領で編集する「マルチカム編集」に対応しています。

マルチカム編集

「マルチカムクリップ」を作成する

マルチカム編集を行うためには、まず同じタイミングで撮影した複数のクリップを1つの「マルチカムクリップ」にまとめる必要があります。クリップに収録された音を基準にクリップをまとめてみましょう。
歌手の上野優華さんの歌唱を3台のカメラで同時に撮影したカットを例に解説します。

❶ ライブラリ内のまとめたいクリップを選択し、右クリックしてメニューから「新規マルチカムクリップ」を選択します。または、「編集」メニューから「新規マルチカムクリップ」を選択します。

❷マルチカムクリップの名称を入力し、「同期にオーディオを使用」がチェックされていることを確認して「OK」をクリックします。

「マルチカムクリップを同期中」ウインドウが表示された後、イベント内にマルチカムクリップが作成されます。このマルチカムクリップはクリップを同期してまとめたものです。

作成したマルチカムクリップ

▶「アングルビューア」を表示する

作成したマルチカムクリップをアングルビューアを使って編集します。アングルビューアでは複数の画面を再生しながら切り替えていくことができます。

❶ プロジェクトを作成し、マルチカムクリップをプロジェクトのタイムラインにドラッグします。

ビューアにマルチカムクリップの内容が表示されます。

❷ ビューア右上の「表示」プルダウンメニューから「アングル」を選択します。

アングルビューアが表示され、マルチカムクリップ内のクリップが確認できるようになります。
アングルビューア内のクリップのことを「アングル」といいます。タイムラインでマルチカムクリップを再生するとアングルが同期して再生されます。
アングルビューア右上の「設定」のプルダウンメニューで、同時に表示するアングル数を選べます。

アングルビューア

▶POINT◀ ブラウザを隠してワークスペースを広く使おう

アングルビューアを表示するとワークスペースが狭くなります。ビューア上の「ブラウザを表示／非表示」ボタンでブラウザを隠しておくと広く使うことができます。

「ブラウザを表示／非表示」

▶ アングルビューアを使って編集する

タイムラインにあるマルチカムクリップを編集してみましょう。

❶ タイムラインで再生ヘッドを任意の場所に移動します。

❷ アングルビューア内のアングルを選択すると、再生ヘッドの右側のクリップが選択したアングルに切り替わります。

このとき、マウスカーソルはブレード（ハサミ）表示になっています。

ブレード(ハサミ)表示 / 選択したアングル / 選択したアングルに切り替わる / 再生ヘッド

タイムラインで確認すると、再生ヘッドの位置でマルチカムクリップに点線が入り、画が切り替わっているのがわかります。これは「マルチカムスルー編集」の編集点だということを表しています。マルチカムスルー編集では時間は途切れずにアングルだけが切り替わります。

「マルチカムスルー編集」の編集点

スイッチング風のマルチカム編集

タイムラインで再生しながら、アングルビューア内でアングルを選択していくと、スイッチャーでカメラを切り替えるように編集していくことができます。

▶POINT◀
数字キーでアングルを切り替えることができます。アングルビューアでは左上から1、2…の順で数字キーが各アングルに割当てられています。

再生しながらアングルを選択して切り替えていく

映像または音声のみを切り替えたいとき

映像のみ、または音声のみを切り替えることができます。映像を使っているアングルが青色の枠、音声を使っているアングルが緑色の枠で示されます。
この例では右上のアングルの音声を使いながら、映像だけ左下のアングルに切り替える、という使い方ができます。

映像と音声の切り替え
映像のみ切り替え
音声のみ切り替え
緑色の枠は音声を使っているアングル
青色の枠は映像を使っているアングル

▶ 編集内容を調整する

マルチカム編集は後から調整できます。切り替えのタイミングがずれても簡単に修正できます。

編集点を移動する

マルチカムスルー編集の編集点はマウスのカーソル操作で前後にロール編集できます。

編集点を移動する(ロール編集)

アングルを変更する

アングルを変更するには、タイムラインでクリップを右クリックし、「アクティブ・ビデオ・アングル」または「アクティブ・オーディオ・アングル」から目的のアングルを選択します。

トランジションを設定する

通常のクリップと同様に、編集点にディゾルブなどのトランジションを設定できます。

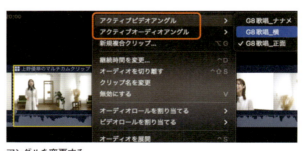

アングルを変更する

編集点を削除する

編集点をクリックして選択し、deleteキーを押すと編集点が削除されます。
編集点を選択し、「マーク」メニューから「クリップを結合」を選択しても同じです。

トランジションを設定する　トランジション

▶ **マーカーを使ってクリップを同期する**

カメラが離れた位置にある場合など、音声の同期が使えないときは、タイミングを合わせるマーカーをクリップに設定することで同期できます。

❶ イベント内のクリップを再生し、画面できっかけになるフレームを探します。

❷ フレームが決まったら、「M」キーを押すか、「マーク」メニューから「マーカー」→「マーカーを追加」を選択してマーキングをしておきます。

❸ まとめるクリップすべてにマーカーを設定したら、クリップを選択し、右クリックのメニューから「新規マルチカムクリップ」でマルチカムクリップを作成します。

❹ 設定画面では「カスタム設定を使用」を選択します。

❺ ここでは音声での同期をしないので、「同期にオーディオを使用」のチェックを外します。

❻ 「アングルの同期」から「アングルの最初のマーカー」を選択します。

「アングルの同期」では音声での同期の他に下記の方法でマルチカムクリップを作成できます。

- クリップのタイムコード
- コンテンツの作成日
- 最初のクリップの先頭
- アングルの最初のマーカー

❼ 「OK」をクリックすると、マーカーを基準にマルチカムクリップが作成されます。

▶POINT◀ **同期のきっかけを工夫しよう**

同期のきっかけはさまざまです。撮影現場では音を鳴らすカチンコや拍子木を使うこともあります。大きな音はクリップの波形でも目立つのでマーカーも付けやすくなります。カメラのフラッシュを光らせて同期の目印にしてもよいでしょう。

同期のきっかけになるフレームが特定できればよいので、撮影の際に工夫してみましょう。

▶「アングルエディタ」で同期を調整する

マルチカムクリップでアングルの同期がずれているときはアングルエディタを使って修正しましょう。タイムライン、またはイベント内のマルチカムクリップを選択し、ダブルクリックするか、「クリップ」メニューから「アングルエディタで開く」を選択します。

マルチカムクリップをダブルクリック

タイムラインに「アングルエディタ」が展開し、マルチカムクリップにまとめたアングルが表示されます。最上段で灰色の帯が付いているアングルを「モニタリングアングル」と呼びます。モニタリングアングルは同期の基準になるアングルです。

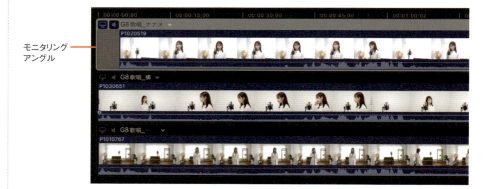

モニタリングアングル

アングルのタイミングを調整する

調整したいアングルを左右にドラッグし、アングルビューアで確認しながらタイミングを合わせます。ただし、モニタリングアングルは基準のアングルのため、タイミングを変えることはできません。

左右にドラッグしてタイミングを調整

モニタリングアングルに同期する

タイミングがずれているアングルを選択して、モニタリングアングルへの音声による同期を実行することができます。それには、アングルを選択し、アングル名の右側の▼から「選択部分をモニタリングアングルに同期」を選択します。うまく認識されるとアングルは自動的に移動して「モニタリングアングル」に同期します。

モニタリングアングルを再設定する

モニタリングアングルを他のアングルに再設定するにはアングル名の左のモニタアイコンをクリックします。モニタリングアングルがアイコンをクリックしたアングルに移動します。

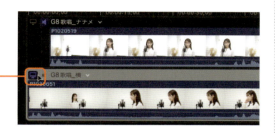

アングルの追加と削除

アングルエディタではアングルの追加と削除を行えます。
任意のアングル名の右側▼をクリックし、オプションから「アングルを追加」または「アングルを削除」を選択します。
「アングルを追加」を選択すると、選択したアングルの下に新規のトラックが作成されるので、イベントからクリップをドラッグして追加します。

アングルの追加と削除

アングルの順番を入れ替える

アングルの右端のハンドルを上下に移動させることで、マルチカムクリップにまとめたアングルの順番を変えることができます。

ハンドルを上下にドラッグして移動

「マルチカムエディタ」から戻る

タイムライン左端の「タイムラインの履歴を戻る」ボタンで、修正されたマルチカムクリップを元のタイムラインで扱うことができます。

「タイムラインの履歴を戻る」ボタン

Section 05 Tracking

オブジェクトトラッキング

Final Cut Pro Guidebook

画面の中で動く被写体を追いかけて追随するエフェクトが「オブジェクトトラッキング」です。対象は人物でも、物体でもかまいません。

「トラッカー」を設定する

「オブジェクトトラッキング」では被写体の動きに合わせて文字やイラストなどをトラッキングできます。はじめにクリップの被写体に対して「トラッカー」を設定し、動きの解析を行っておきます。

❶ タイムラインでトラッカーを設定するクリップを選択します。
❷ ビデオインスペクタを開き、トラッカーの右にある ➕ をクリックします。

❸ ビューアにグリッドが表示されるので、被写体に合わせてサイズを調整します。
❹ ビューア左上の「解析」をクリックします。

トラッキングの解析が始まります。被写体の動きに合わせてトラッキングエリアが変化します。

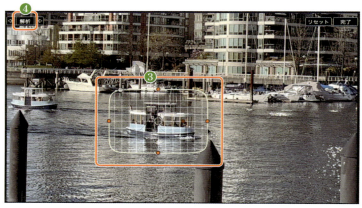

トラッキングエリア

解析が終わると、ビデオインスペクタのトラッカーに「オブジェクトトラック」が設定されます。トラッカーの+をクリックすると、クリップ内の他の被写体にオブジェクトトラックを追加できます。
また、タイムラインのクリップ上にトラッキングエディタが表示されます。

トラッキングエディタ

▶ タイトルをトラッキングする

オブジェクトトラックを設定した被写体に対してタイトルを追随させてみましょう。

❶ オブジェクトトラックを設定したクリップの上にタイトルクリップを配置し、フォントとサイズを調整します。

タイトルクリップ

❷ タイトルクリップを選択し、ビューア左下の「変形」をクリックします。ビューア上中央に表示されるトラッカーのプルダウンメニューを選択します。

クリックしてメニューを表示

❸ 表示されるポップアップメニューで、トラッキング先のトラッカー情報を設定します。

「トラッカーソース」：トラッキング対象のクリップ名を選択します。
「トラッカー」：被写体に設定したオブジェクトトラックを選択します。対象となるクリップにトラッカー情報がない場合は「新規トラッカーを作成」でオブジェクトトラックを設定します。

❹ タイトルにトラッキングデータが設定されました。画面の中で被写体が移動すると、タイトルがその動きに追随して表示されます。

▶ エフェクトをトラッキングさせる

オブジェクトトラックを設定した被写体に対してエフェクトを加えてみましょう。

❶ オブジェクトトラックを設定し、被写体にモザイク処理を加えてみましょう。この例ではエフェクトブラウザから「スタイライズ」→「ピクセル化」を選択し、タイムラインのクリップに設定します。

❷ ビデオインスペクタで「シェイプマスクを追加」を選択します。

❸ビューアでトラッカーのプルダウンメニューからトラッカーの設定を下記のように行います。

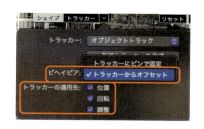

「トラッカー」:「オブジェクトトラック」
「ビヘイビア」:「トラッカーからオフセット」

被写体に合わせてエフェクト「ピクセル化」が設定されました。このようにトラッカーを設定することで、エフェクトに動きのキーフレームを設定する手間を省くことができます。

▶解析方法を変更する

トラッキングがうまくいかない場合は変更してみましょう。トラッカーを設定したクリップのビデオインスペクタを開き、「オブジェクトトラック」の「解析方法」を変更します。解析方法を再選択した場合は改めて「解析」を行う必要があります。

「自動」:自動的に適した方法を選択します。
「結合」:「機械学習」と「ポイントクラウド」の両方を用いてトラッキングします。
「機械学習」:人物の顔など、主に自然物の被写体をトラッキングする場合に適しています。
「ポイントクラウド」:自動車など、主に人工物の被写体をトラッキングする場合に適しています。

「機械学習」での解析を実行中

▶オブジェクトトラックを削除する

クリップに設定したオブジェクトトラックを削除するには、クリップ上のトラッキングエディタを選択し、ポップアップメニューから「削除」を選択します。

Section 06
Cinematic mode

シネマティックモード

iPhoneの「シネマティック」で撮影された動画素材にはiPhoneのカメラから被写体への距離情報が含まれています。Final Cut Proでその情報を活用し、編集時にレンズの焦点距離を操るのが「シネマティックモード」です。

シネマティックモードで撮影された動画

シネマティックモードの動画を読み込む

▶ シネマティックモードでピントの範囲を変える

シネマティックで撮影された動画を使ってピントの範囲を操作してみましょう。

❶ クリップをタイムラインに配置し、ビデオインスペクタを開くと、シネマティックモードで撮影されたクリップには「シネマティック」の設定項目があるのでチェックを入れます。

❷「フィールドの深度」のスライダーで被写界深度（＝ピントの合う範囲）をシミュレートできます。
スライダーを左に設定すると被写界深度が浅くなり、ピントの合う範囲が狭くなります。この例では手前にピントが合い、奥がボケます。

スライダーを右に設定すると被写界深度が深くなり、ピントの合う範囲が広くなります。この例では手前から奥までピントが合うようになります。

▶「シネマティックモード」でピント送りをする

手前の被写体から奥の被写体へ、画面の中でピントの合う箇所を変えてみましょう。

❶ はじめに準備をしておきます。シネマティックで撮影されたクリップを右クリックし、「シネマティックエディタを表示」を選択します。

クリップ上に白い点線でシネマティックエディタが表示されます。エディタ上の白い丸は撮影時に焦点距離をiPhoneが自動設定した箇所（焦点ポイント）です。撮影者が手動でピント操作をしていた場合は黄色の丸で表示されます。

自動焦点ポイント

❷ ビューア左下の「変形」プルダウンメニューにシネマティックの項目が追加されているので選択しておきます。

それでは再生中にピントの合う場所が変わる「ピント送り」をしてみましょう。

❸ クリップを再生し、ビューアで画面手前の被写体をダブルクリックします。

フォーカスのターゲットが黄色い枠でビューアに表示されます。

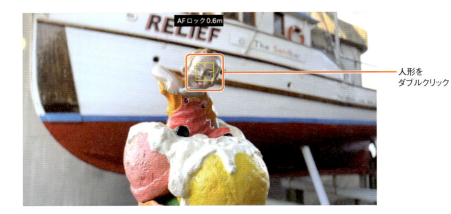

人形を
ダブルクリック

このとき、クリップのシネマティックエディタには黄色い丸印（焦点ポイント）が設定されます。

❹ 続いてクリップを再生し、画面奥の被写体をダブルクリックします。

クリックした位置にフォーカスのターゲットが表示され、ピントが合います。

船を
ダブルクリック

クリップのシネマティックエディタには2番目の黄色い丸印（焦点ポイント）が設定されます。

❺ **焦点ポイントを設定した範囲を再生すると、手前の「人形」から奥の「船」にピントが移る映像になります。**

撮影時ではなく、編集時に被写体の動きに合わせてピント送りができるので、便利な機能です。

▶ 焦点ポイントを削除する

シネマティックエディタ上の黄色い丸の焦点ポイントをクリックします。「焦点ポイントを削除」が表示されるので、選択します。

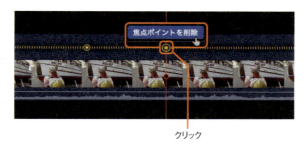

手動で設定した焦点ポイントをすべて削除すると、シネマティックエディタには「自動焦点ポイント」が再度クリップに表示されます。

Section 07　360°video

Final Cut Pro Guidebook

360°動画を編集しよう

「THETA」シリーズや「Insta360」などで撮影した360°動画を編集してみましょう。Final Cut Proが対応しているのは下図のような長方形の「エクイレクタングラー形式」に変換した動画です。

「エクイレクタングラー形式」に変換した360°動画

360°動画用のプロジェクトを作成する

はじめに360°動画用のプロジェクトを作成します。「ビデオ」のタイプを「360°」を選択し、解像度とレートを選択します。「プロジェクションのタイプ」は「360°モノスコピック」にします。

360°映像をタイムラインで編集します。通常のビデオと同様に、エフェクトやディゾルブを設定できます。タイトルブラウザの「360°」カテゴリには360°動画に対応した3Dタイトルが収められています。

タイトルブラウザの「360°」カテゴリ

360°ビューアを使う

360°ビューアを使うと、歪みのない映像を確認できます。360°ビューアを表示するには、ビューア右上の「表示」から「360°ビューア」を選択します。すると、360°ビューアが通常のビューアの左側に表示されます。画面をドラッグすることで表示範囲を変えることができます。また、「視野」スライダーでは表示する視野角を変えることができます。

通常のプロジェクトで360°映像を編集する

通常の映像プロジェクトに360°映像を挿入すると、歪みが自動的に補正されます。カメラの向きや視野角はインスペクタの「方向」で調整します。「方向」は360°動画でのみ表示されるパラメーターです。

Section 08 Timeline index

タイムラインインデックス

タイムラインが長く、複雑になってくると特定のクリップを見つけるのが難しくなってきます。「タイムラインインデックス」を活用することで、クリップにすばやくアクセスできます。

「タイムラインインデックス」の基本

タイムラインインデックスはタイムラインの「インデックス」ボタンをクリックすると開きます。「クリップ」「タグ」「ロール」の3つの異なる機能のタブがあり、タイムライン上にある特定のクリップを表示する機能が備わっています。

▶「クリップ」

「クリップ」では、クリップ名を選択すると再生ヘッドが該当するクリップの先頭に移動し、クリップが白枠で表示されます。また、インデックス欄下端に表示される「ビデオ」「オーディオ」「タイトル」をクリックすると、各カテゴリごとにクリップ名をリスト表示できます。

「インデックス」ボタン

▶「タグ」

「タグ」では、「キーワードコレクション」でキーワードを設定したクリップや「マーカー」で印をつけたフレームに再生ヘッドを移動します。図では、「マーカー」を設定したフレームに再生ヘッドが移動しています。
マーカーを設定しておくと、後からタイトルを挿入するときなど、特定の箇所にすばやくアクセスできます。

マーカー

▶「ロール」

Final Cut Proのクリップには自動的に5つのロール(属性)のいずれかが割り当てられます。ロールには、ビデオロールの「タイトル」と「ビデオ」、オーディオロールの「ダイアログ」「ミュージック」「エフェクト(効果音)」があります。タイムラインインデックスで「ロール」タブを開いてみると、タイムライン上のクリップがロールごとに色分けされているのがわかります。

タイムラインインデックスでロールのチェックを外すと、そのロールのクリップはオフ表示になり、再生されません。たとえば、「タイトル」「ミュージック」「エフェクト」のチェックを外すと、動画クリップの映像と音声のみが再生されます。この設定は書き出しにも反映されるので、「タイトルなし」や「音楽なし」のバージョンを作成することもできます。

ロールのチェックを外したクリップはグレー表示となり、再生されない

▶「ロール」を使ったタイムラインの整理

「ロール」を活用することで、タイムライン上のクリップを整理して表示できます。

タイムラインのスリム化

「焦点」ボタンで当面の作業に必要ないオーディオロールをまとめて、画面をスッキリさせてみましょう。なお、「焦点」ボタンはオーディオロールのみでビデオロールにはありません。

以下の例では、「ダイアログ」ロールの「焦点」ボタンをクリックすると、「ダイアログ」ロール以外の「ミュージック」と「エフェクト」のオーディオクリップがスリムになります。MacBook Proなど、ワークスペースが狭いマシンで作業するときに設定すると便利です。

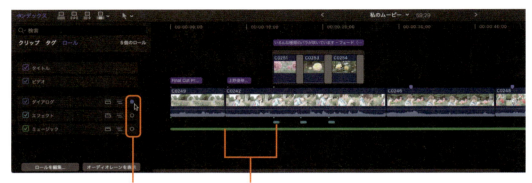

「焦点」ボタン　　「焦点」以外のクリップはスリム表示となる

オーディオクリップの表示位置を入れ替える

タイムラインでのオーディオクリップの表示位置をロールごとに入れ替えることができます。

たとえば、右図のタイムラインインデックスでロール「ミュージック」を選択し、上の階層にドラッグすると、「ミュージック」ロールのクリップが上の位置に変更されます（下図）。

編集したいオーディオクリップをロール単位で映像クリップの近くに移動させて作業を行うことができます。

「ミュージック」ロールのクリップ
「エフェクト」ロールのクリップ

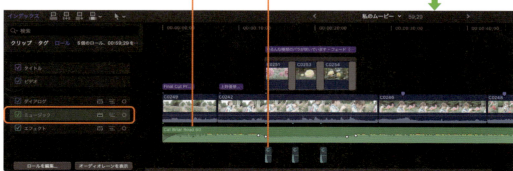

オーディオレーンを表示する

タイムラインの動画クリップからオーディオ表示を切り離し、音楽や効果音などとまとめて「オーディオレーン」として表示できます。それには、タイムラインインデックスの「オーディオレーンを表示」をクリックします。オーディオの表示がまとまり、ミキシング作業がしやすくなります。

クリック　　　　　　　　　オーディオレーン

オリジナルのロールを追加する

タイムラインインデックスの「ロールを編集」ボタンをクリックするか、「変更」メニューから「ロールを編集」を選択すると、「ロール編集」ウインドウが開きます。⊕ボタンでビデオロールまたはオーディオロールを追加します。

「ロール編集」ウインドウ

ロールの変更

クリップのロール割り当てを変更するには、変更したいクリップを右クリックして表示されるメニューから「ビデオロールを割り当てる」または「オーディオロールを割り当てる」で割り当てたいロールを選択します。

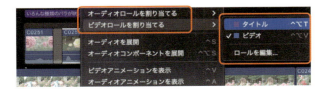

Section 09 Organize

Final Cut Pro Guidebook

ライブラリの整理

編集作業がひと段落したら、ライブラリを整理しましょう。使用しているメディアファイルをまとめ、レンダリングファイルから不要なファイルを削除します。ディスクに余裕がない場合は、外付けのHDなどにライブラリを移しておきます。

■ プロジェクトを整理する

ライブラリ内の不要なプロジェクトを削除しておきます。たとえば、編集の途中で作成したプロジェクトのコピーなどをゴミ箱に入れます。

■ ライブラリを整理する

ライブラリから不要なレンダリングファイルを削除し、ディスクの空き領域を増やしておきましょう。レンダリングファイルは編集途中で生成されたメディアファイルです。

❶ ライブラリを選択し、「ファイル」メニューから「生成されたライブラリファイルを削除」を選択します。
❷ 下図のダイアログが表示されるので、「レンダリングファイルを削除」をチェックして「不要ファイルのみ」を選択します。

この場合、現在開いているプロジェクトのレンダリングファイルは削除されません。
「すべて」を選択すると、ライブラリ内のレンダリングファイルはすべて削除されます。

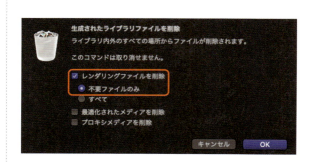

Column

レンダリングファイルは削除しても大丈夫

Q:大変！「レンダリングファイルを削除」の「すべて」を選択して「OK」をクリックしてしまいました。
A:慌てないで。大丈夫ですよ。削除してしまったレンダリングファイルは、またレンダリングし直せばよいのです。素材がきちんと残っていれば、エフェクトやトランジションは再レンダリングされます。
Q:よかった！「このコマンドは取り消せません」って表示されるとちょっと焦ってしまいます。

ライブラリを統合する

ライブラリで使っているメディアをまとめておきましょう。

❶ ライブラリを選択し、右クリックして表示されるメニューから「ライブラリメディアを統合」を選択します。

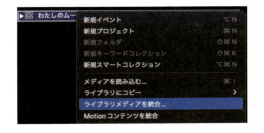

❷「ライブラリファイルを統合」ウインドウが表示されます。「メディアの出力先」で「ライブラリ内」を選択し、「OK」をクリックします。

「ライブラリメディアを統合」では、ライブラリの外にあるメディアファイルをライブラリ内にコピーします。メディアがライブラリ内にまとまるため、ライブラリの容量は増えます。

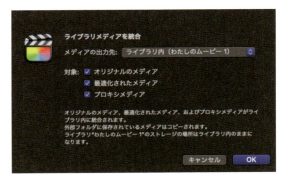

▶ ライブラリのバックアップを保存する

これでライブラリを整理することができました。ライブラリのバックアップを保存する場合は、Finder上で、ライブラリを外付けのハードディスクなどにコピーします。Final Cut Proのブラウザ内にあるライブラリを選択し、右クリックして表示されるメニューから「Finderに表示」を選択すると、Finderにライブラリが表示されます。

わたしのムービー1

Column
「ストレージの場所」を管理する

Final Cut Proではさまざまなメディアファイルを使います。これらのファイルの保存先は「ストレージの場所」で変更できます。

設定を変更するには、ライブラリを選択し、インスペクタを開いてプロパティを表示します。「ストレージの場所」から「設定を変更」をクリックします。

「ライブラリ"～"のストレージの場所を設定します。」というメッセージが表示されます。ここで各メディアファイルの保存先を変更できます。たとえば、「キャッシュ」の保存先を専用のディスクドライブなどに設定すると、レンダリングファイルはライブラリ内ではなく、設定した保存先に書き込まれるようになります。

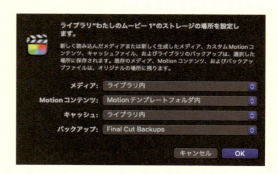

Final
Cut
Pro
Guidebook

第 5 章
iPadのための Final Cut Pro

iPad 用 Final Cut Pro は、Mac 用 Final Cut Pro の高度な編集機能を受け継ぎつつ、ハンドタッチで簡単に操作できるように工夫されています。とくに、指先で再生をコントロールできる「ジョグホイール」は操作感が秀逸で、Mac 用 Final Cut Pro より手早く編集できるほど、スムーズにクリップを扱えます。iPad のカメラで撮影し、すぐに編集できるのも魅力的です。

また、「Final Cut Camera」がインストールされた iPhone や iPad を使って本格的なライブマルチカム撮影を行うこともできます。

モバイル環境での撮影や動画編集が多い方なら、iPad 用 Final Cut Pro を試してみてはいかがでしょうか？

Section 01 Interface

iPad用Final Cut Proのインターフェイス

iPad用Final Cut Proは、大きくプロジェクト画面と編集画面の2つの操作画面で構成されています。プロジェクト画面ではプロジェクトの作成と書き出し、編集画面では素材の読み込み、編集を行うことができます。

プロジェクト画面のインターフェイス

プロジェクト画面では、プロジェクトの作成と書き出しを行います。また他のiPadで作成したFinal Cut ProやiMovieのプロジェクトを読み込むこともできます（Mac用Final Cut Proのプロジェクトを読み込むことはできません）。

編集画面のインターフェイス

編集画面は「ビューア」「ブラウザ」「タイムライン」の3つのウインドウで構成されます。また、上部には素材の読み込みと書き出しに関連したボタンが並んでいます。

▶「ビューア」

ビューアにはタイムラインまたはブラウザのクリップの内容がプレビューされます。

「ビューアのオプション」では、セーフエリアなどの「ガイド」表示や波形などの「ビデオスコープ」表示、ビューアを小画面で表示する「ピクチャインピクチャ」の選択ができます。

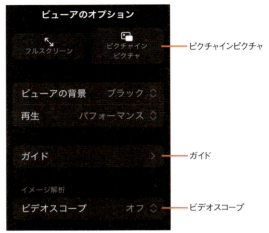

ビューアのオプション

「ピクチャインピクチャ」表示では、ビューアは小画面になり、操作画面の右側か左側のどちらかに配置できます。ブラウザのクリップを選択する際に便利な表示です。

「ピクチャインピクチャ」表示

▶「ブラウザ」

初期設定では「メディアブラウザ」が選択されています。メディアブラウザはプロジェクトに読み込んだクリップを表示します。編集するクリップをタップし、使用範囲を決めたら「追加」ボタンでタイムラインに追加します。

「コンテンツブラウザ」ボタンをタップすると、「エフェクト」「トランジション」「タイトル」といったFinal Cut Pro独自のコンテンツが表示されます。

「エフェクト」ではビデオエフェクトとオーディオエフェクトが表示されます。

クリップにエフェクトを設定する

タイムライン上のクリップにエフェクトを設定するには、次のようにします。

❶ **タイムライン上のクリップをタップして選択します。**
❷ **ブラウザでエフェクトをタップして選択し、右下の「適用」をタップします。**

▶「タイムライン」

タイムラインはブラウザから追加されたクリップを編集する場所です。
クリップは「追加」ボタンだけでなく、ブラウザから直接タイムラインの好みの場所にドラッグしても追加できます。

「オプション」をタップすると、「タイムラインオプション」が表示されます。
「ビヘイビア」の「位置」をオフにすると、タイムラインのクリップは左詰めで並びます（マグネティックタイムライン）。たとえば、並んでいる2つのクリップがある場合、左側のクリップを削除すると、右側のクリップは左に詰めて移動します。

タイムライン左下の「詳細を表示」をタップすると、「インスペクタ」が開き、選択中のクリップの設定を変更できます。この例では、「トランスフォーム」タブを開いて、クリップのサイズを変更しています。

▶「ジョグホイール」

「ジョグホイール」を使うと、再生ヘッドや編集点の位置を指の操作で簡便に操作できます。
ブラウザの上にある「ジョグホイール」をタップすると、小さな「閉まった状態のジョグホイール」が表示されます。閉まった状態のジョグホイールは、操作画面左右端の好みの位置に移動できます。
「閉まった状態のジョグホイール」をタップするとジョグホイールが展開します。ジョグを回すと再生ヘッドが移動します。ジョグホイール中央の❌をタップすると閉まった状態に戻ります。

Section 02 Editing

Final Cut Pro Guidebook

iPad用Final Cut Proの編集の基本

iPad用Final Cut Proに撮影した素材を読み込んで、プロジェクトで編集してみましょう。慣れると指の操作だけでサクサク編集できるようになります。

iPad用Final Cut Proに撮影した素材を読み込み、プロジェクトで編集してみましょう。慣れると指の操作だけでサクサク編集できるようになります。

ペンや指で描いた軌跡を記録できるライブ描画機能

Macと同じ感覚でクリップ編集ができる

iPad用Final Cut Proで編集する

iPad用Final Cut Proでプロジェクトを作成し、撮影した素材を編集します。

▶プロジェクトに動画を読み込む

❶ プロジェクト画面の左下にある「新規プロジェクト」をタップします。

❷「新規プロジェクト」ウインドウが表示されるのでプロジェクト名を入力します。フォーマットとプロジェクトを保存する場所を指定したら、「続ける」をタップします。

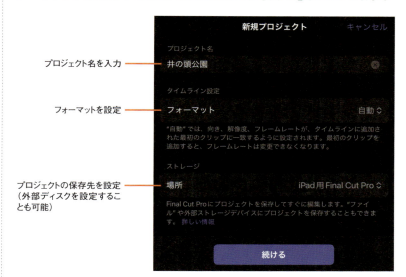

プロジェクト名を入力
フォーマットを設定
プロジェクトの保存先を設定（外部ディスクを設定することも可能）

❸「カメラ」「ライブマルチカム」「写真」「ファイル」そして「空のプロジェクト」の5つの選択が表示されます。素材がiPad内にある場合は「写真」または「ファイル」を、本体のカメラで撮影する場合は「カメラ」を、マルチカム撮影をする場合は「ライブマルチカム」を、編集画面から始めたい場合は「空のプロジェクト」を選びます。

❹「写真」を選ぶと、iPadの「写真」ライブラリが開きます。編集する素材をタップして選択し、右上の「追加」をタップします。

追加した素材がクリップとしてメディアブラウザに収められ、編集画面が開きます。さらに素材を追加する場合は「読み込み」で素材を読み込みます。

MEMO ●●●●●●●

▶ iPhone との動画共有は AirDrop がカンタン

iPhoneで撮影した動画を使う場合はAirDropを使ってあらかじめiPadに転送しておくと便利です。AirDropで転送された写真や動画はiPadの「写真」ライブラリに自動的に収められます。

▶ タイムラインにクリップを配置する

編集画面のタイムラインに動画クリップを配置していきましょう。

❶ 基本の操作方法はMac用Final Cut Proと同じです。ブラウザからクリップを選び、使う範囲を設定したら「追加」ボタンでタイムラインに追加していきます。

「追加」のポップアップメニューではブラウザで選択したクリップの配置方法（「上書き」「挿入」「接続」「追加」）を変更できます。

❷ クリップを選択し、左右のハンドルをドラッグすることで長さを変えることができますⒶ。「位置」ボタンがオフのとき、後続のクリップの位置は左詰めで移動しますⒷ。「位置」ボタンがオンのときは、後続のクリップの位置は変わらず、ギャップ（隙間クリップ）が挿入されますⒸ。

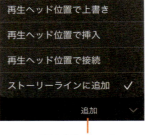

「追加」ポップアップメニュー

クリップの削除

クリップを削除するには、クリップを選択し、タイムライン下のゴミ箱アイコンをタップします。

▶POINT◀ タイムラインは複数作成できる

「タイムライン」は1つのプロジェクト内に複数作成できます。プロジェクト画面で「タイムライン」をタップし、「追加」ボタンでタイムラインを追加します。追加したタイムラインでは、既存のタイムラインのプロジェクトメディアを使えます。

▶クリップにエフェクトを加える

クリップにエフェクトを設定してみましょう。

❶ コンテンツブラウザから「エフェクト」をタップし、エフェクトの一覧を表示します。
❷ クリップを選択し、適用したいエフェクトを選択して「適用」をタップします。

この例では「ビネット」を適用しました。

❸ 適用したエフェクトを調整するには、「詳細を表示」をタップし、インスペクタを開きます。
❹ エフェクトインスペクタをタップし、エフェクトを選択すると、調整パネルが表示されます。

▶ トランジションを加える

クリップとクリップの間の編集点にトランジションを加えてみましょう。

❶ コンテンツブラウザから「トランジション」をタップし、トランジションの一覧を表示します。
❷ クリップを選択し、適用したいトランジションを選択し、「末尾に追加」をタップします。

トランジションがクリップの後方の編集点に追加されます。
「末尾に追加」のポップアップメニューではトランジションの配置方法を選択できます。

追加したトランジション

「末尾に追加」ポップアップメニュー

▶ タイトルを加える

タイトルはコンテンツブラウザの「タイトル」に収められています。

❶ 適用したいタイトルをタップし、「追加」のポップアップメニューから「再生ヘッド位置で接続」を選択します。

タイトルを選択

❷ タイムラインのタイトルを加えたい位置に再生ヘッドを移動し、「接続」をタップします。
タイトルが再生ヘッドの位置に接続されます。

接続されたタイトル

❸ ビューア上でタイトルの部分をタップするとインスペクタが表示されるので、タイトルの文字、フォント、色などの属性を設定します。

タイトル

タイトルの調整パネル

▶BGMを挿入する

オリジナルのBGM集が「サウンドトラック」に収められています。好みの音楽をタイムラインに挿入しましょう。

❶ コンテンツブラウザの「サウンドトラック」から音楽を選びます。タップすると試聴できるので、好みの音楽を選択したら「接続」をタップします。

「追加」と表示されている場合は、まずポップアップメニューから「再生ヘッド位置で接続」を選択しておきます。

音楽を選択

❷ タイムラインに音楽クリップが加えられます。長さと音量を調整して、聴きやすいように設定します。

接続した音楽クリップ

▶ナレーションを録音する

iPadのマイクを使ってアフレコを行うことができます。

❶ マイクがアイコンになっている「アフレコ」ボタンをタップします。

❷ 縦長の「アフレコ」ウインドウが表示されるので、「録音」ボタンをタップします。

❸ タイムラインが再生されるので、画面を見ながら声を録音します。

タイムラインにアフレコの音声トラックが追加されます（次ページⒶ）。

「アフレコ」ウインドウの●●●をタップすると「アフレコ設定」が表示されますⒷ。

「Input」ではiPad内臓のマイクの他、接続されている場合は外部マイクを設定することができます。

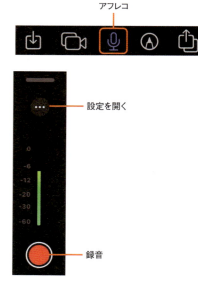

アフレコ

設定を開く

録音

「アフレコ」ウインドウ

アフレコで録音したクリップ

▶「ライブ描画」を使ってみる

iPad用Final Cut ProにはMac用にはない機能として「ライブ描画」があります。お絵描き感覚で動画に絵やコメントを添えることがカンタンにできます。

❶ ライブ描画を加えたいクリップに再生ヘッドを移動し、「ライブ描画」ボタンをタップします。

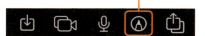

ライブ描画

❷「ライブ描画」画面になります。描画ツールからペンやマーカーをタップして選択し、色や太さを設定します。

❸ 画面に手書きで文字やイラストを描画します。

描画ツール　色見本　設定

❹「完了」でタイムラインに戻ります。「描画クリップ」がタイムラインのクリップに追加されています。

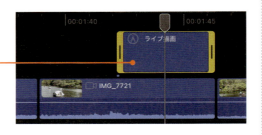

ライブ描画クリップ

図のように、手書きで書いた順にアニメーション表示されます。

❺ ペンシルで描画する場合は「設定」から「指で描画」をオフにします。

お使いのペンシルを設定するには「Pencil設定」で行います。

❻ 描画アニメーションは初期設定では2秒になっています。この時間を変えるにはタイムラインの「描画クリップ」を選択し、「詳細を表示」で「描画」の時間を変更します。

描画時間を変更

プロジェクトを書き出す

iPad用Final Cut Proで編集したプロジェクトから動画を書き出しましょう。

▶ プロジェクト画面から書き出す

プロジェクト画面で書き出すプロジェクトを選択して書き出します。

❶「すべてのプロジェクト」から書き出すプロジェクトを選択し、「書き出し」をタップします。

書き出すプロジェクトを選択

書き出し

256

❷「書き出す」オプションが表示されるので「ビデオ」を選択します。
❸「ビデオ・オプション」が表示されます。通常は「デフォルト」を選択します。
「HEVC」や「H.264」などの圧縮コーデックで書き出されます。
❹マスターの品質で書き出す場合は「高品質」を選択します。
この場合、動画の容量は「デフォルト」より大きくなります。手動で動画の設定を調整する場合は詳細設定を使います。
❺「書き出す」をタップし、書き出し先で「ビデオを保存」を選択します。

「書き出し中」→「書き出しの完了」と表示されます。書き出された動画はiPadの「写真」ライブラリ内に保存され、いつでも視聴できます。

▶編集画面から書き出す

編集画面からプロジェクトを書き出すには、画面上部の「書き出し」をクリックします。あとはプロジェクト画面から書き出す手順と同じです。

Section 03 Live Multicum

ライブマルチカムの撮影と編集

Final Cut Pro Guidebook

iPad用Final Cut Proはver.2からライブマルチカムに対応しました。iPhoneやiPadを組み合わせて最大4つのアングルの動画を撮影し、編集できます。

iPadとデバイスの接続設定

撮影に使うiPhoneとiPadの設定をしておきましょう。

▶前準備

❶ iPhoneとiPad両方とも、BluetoothとWi-Fiをオンにしておきます。
❷ iPhoneに「Final Cut Camera」をインストールしておきます。

▶iPhoneでiPadが検出できるようにする

iPhoneなどのデバイスとワイヤレスで接続するために、iPadでFinal Cut Proの設定をしておきます。

❶ iPadのFinal Cut Proを起動し、プロジェクト画面から「管理」タブをタップします。
❷ 管理画面が開くので、「設定」を選択します。
❸ 「FINAL CUT CAMERA 接続」から「iPadを検出可能にする」をオンにします。

これでiPhoneからiPadを検出できるようになります。

管理

オンにする

▶POINT◀　ライブマルチカムの特徴

ライブマルチカムではBluetoothでペアリングを行い、Wi-Fiでデータを転送します。同じApple IDでサインインしているデバイスの間では、自動認証で接続できます。
Apple IDが異なるデバイスでは、ペアリングコードを使って認証する必要があります。
また、ワイヤレス通信のため、デバイスの制御とプレビューはリアルタイムで行いますが、録画はデバイスごとに実行し、撮影後にiPadにデータを転送する手順になっています。距離が離れると操作に支障が出ることがあります。デバイスを配置する目安としては「声の届く範囲」に置くのがよいでしょう。

iPadでライブマルチカムを設定する

iPad用Final Cut Proでライブマルチカムを設定し、iPhoneやiPadなどのデバイスとワイヤレスで接続します。

▶新規にプロジェクトを作成する場合

❶ プロジェクト作成時の「使用開始」で「ライブマルチカム」を選択します。

「アングルを追加」が表示されます。iPhoneなどの電源がオンになっている場合は、「既知のデバイス」または「その他のデバイス」にiPhoneが表示されます。

過去に接続したことのあるデバイスは「既知のデバイス」に表示される

▶既存のプロジェクトからライブマルチカムを使用する場合

❶編集画面のツールバーから「ビデオを撮影」をタップし「ライブマルチカム」を選択します。

❷「ライブマルチカム」画面が表示されるので、右上の「アングルを追加」ボタンをタップして「アングルを追加」を表示します。

iPhoneからiPadのFinal Cut Proに接続する

❶iPadで「アングルを追加」を表示した状態で、iPhoneのFinal Cut Cameraを起動します。
❷Final Cut Cameraの画面で「ライブマルチカム」をタップします。

iPhoneのFinal Cut Camera画面

❸「ライブマルチカムに接続」が表示されます。「既知のデバイス」または「その他のデバイス」にiPadが表示されたら、タップします。

iPadをタップ

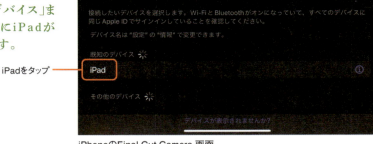

iPhoneのFinal Cut Camera 画面

iPadの「アングルを追加」では「接続済みのデバイス」としてiPhoneが表示されます。

「接続済みのデバイス」にiPhoneが表示される

▶ Apple IDが異なるデバイスの場合

Apple IDが異なるデバイスでは、ペアリングコードで認証してiPadに接続します。

❶ はじめに前記❶と❷の手順を行っておきます。

❷ iPhoneのFinal Cut Cameraの「ライブマルチカムに接続」で接続先となるiPadが表示されたらタップします。

❸ iPadの画面に「iPadを"信頼されていないデバイス"に接続」と表示され、パスコードが表示されます。

❹ このパスコードをiPhoneのFinal Cut Cameraに表示される「カメラペアリングの要求」に入力し「OK」をタップします。認証が成功すると、iPadのFinal Cut ProでiPhoneのカメラを制御できるようになります。

▶ 使用するデバイスを追加する

iPadのFinal Cut Proで撮影に使用するiPhoneを接続し、アングルに追加しておきます。

❶ 撮影用のiPhoneやiPadをデバイスから接続し、アングルとして追加しておきます。

ライブマルチカムでは最大4つのアングルを追加できます。iPad本体のカメラもアングルの1つとして追加できます。

最大4つのアングルが追加できる

❷ アングルを追加したら、右上の「次へ」をタップします。

❸ 「設定」が表示されます。「フォーマット」で撮影する動画の解像度やカメラの向き、フレームレートなどを設定します。設定したら「完了」をタップします。

フォーマットの設定を行う(新規作成時のみ)

「ライブマルチカム」が表示されます。4つのデバイスの動画がリアルタイムにプレビュー表示されます。

録画

接続したデバイスのカメラ映像が表示される

ライブマルチカムで撮影する

撮影用のデバイスが接続できたら、ライブマルチカムで撮影しましょう。この例ではモデルの篠田樹子さんに各デバイスに向けてキャッチボールをしてもらいました。

▶ ライブマルチカムでカメラの調整をする

ライブマルチカムの画面から、iPhoneのカメラ調整を行うことができます。

❶ マルチ画面表示で、画面に表示される黄色い枠（フォーカスエリア）をタップすると、色とピントが自動調整されます。この枠はタッチ操作で任意の位置に移動できます。

❷ 画面右下の「拡大／縮小」をタップすると全画面表示になり、細かい調整ができます。

フォーカスエリア

全画面表示

▶ライブマルチカムで撮影する

ライブマルチカムのデバイスをまとめて、同時に録画を開始できます。

❶ **ライブマルチカムの画面右側にある「録画」ボタンをタップすると録画がスタートします。**

iPhoneのカメラで録画ボタンを押した場合でもすべてのデバイスが同時に録画されます。

4つのデバイスが同時に録画開始

❷ **「録画」ボタンを再度タップすると録画が停止します。**

録画が終わると、各デバイスに録画されたオリジナルの動画データは自動的にiPadに転送されます。

❸ **「完了」をタップしてライブマルチカムの画面を閉じ、ツールバーの「Final Cut Camera 転送」をタップします。**

デバイスからiPadへのデータの転送状況が表示されます。

Final Cut Camera 転送

転送中のデータ

▶POINT◀
ライブマルチカムの撮影が終わってもデータ転送が終了するまでは、各デバイスのFinal Cut Cameraは終了せずに、接続したままにしておきましょう。なお、接続が切れた場合は途中から転送を再開することができます。

マルチカムクリップを編集する

ライブマルチカムで撮影した素材はFinal Cut Proでマルチカムクリップとして編集することができます。デバイスからオリジナルの素材を転送中でも、プレビュー素材を使って編集作業に入ることができます。

▶ マルチカムクリップをプレビューする

Final Cut Proのブラウザでライブマルチカムで撮影した素材をプレビューします。

❶ マルチカムの素材は1つのクリップとしてまとめられています。クリップをタップして選択し、再生ヘッドを移動させるとビューアでは4つの画面が同時に再生されます。

4つの画面が同時に再生される　　マルチカムクリップ　　再生中のクリップ

範囲を選択

❷ クリップの使う範囲を決めたら、「追加」をタップしてタイムラインにクリップを追加します。

▶「アングルスイッチャー」でアングルを切り替える

「マルチカム」をオンにし、アングルスイッチャーを使ってアングルを切り替えます。

❶ **タイムラインの下にある「マルチカム」をタップします。**

アングルスイッチャーが表示され、マルチカムの各アングルが表示されます。アクティブなアングルは黄色の枠で表示されます。

❷ **タイムラインで再生ヘッドを移動し、アングルスイッチャーで好みのアングルをタップすると再生ヘッドの位置で画面が切り替わります。**

❸ これを繰り返して、アングルを切り替えていきます。

再生しながらスイッチング感覚でアングルをタップし、切り替えることもできます。

アングルを選択

▶ アングルを他のアングルに変更する

アングルスイッチャーで切り替えたアングルを他のアングルに差し替えてみましょう。

❶ アングルスイッチャー右側の▽をタップし、「分割と切り替え」から「切り替えのみ」を選択します。

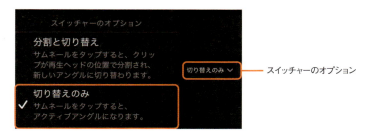

スイッチャーのオプション

❷ タイムラインで変更するアングルを選択します。

切り替えたいアングルを選択

❸ アングルスイッチャーで他のアングルをタップします。

図のようにアングルが切り替わりました。

▶ アングルのタイミングを修正する

アングルを切り替えたタイミングを修正してみましょう。

❶ タイムラインの左上にある「クリップ」をタップし「エッジ」に変更します。

❷ クリップの間を「エッジ」として選択できるようになります。タイミングを修正したい箇所をタップして選択し、左右にドラッグします。

アングルが切り替わるタイミング（編集点）が前後に修正されます。

編集点を選択して左右にドラッグ

❸ ジョグホイールを開き、「⇆」をタップしてからホイールを回すと、編集点を前後に微調整することができます。

ジョグホイールで編集点を調整　　「⇆」をタップ　　ジョグホイール

▶ マルチカムクリップが再生する音声を変更する

マルチカムクリップで再生する音声は他のアングルの音声に変更できます。

❶ アングルスイッチャーで音声を再生したいアングルのスピーカーアイコンをタップします。

❷「オーディオ出力」が表示されます。「ソロ」「オン」「自動切替」「オフ」から選択します。

「ソロ」:マルチカムクリップの再生時には選択したアングルの音声のみ再生します。

「オン」:複数のクリップを同時に再生したい時に選択します。「オン」にしたアングルの音声が再生されます。

「自動切替」:タイムラインで選択したアングルに切り替わったときのみ再生します。

「オフ」:選択したアングルの音声は再生しません。

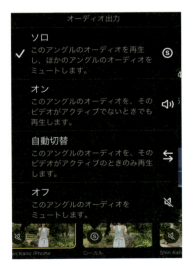

▶ マルチカムクリップの同期を調整する

マルチカムクリップがうまく同期しない場合は、アングルエディタで調整します。

❶ タイムラインでマルチカムクリップを長押しします。ポップアップウインドウが表示されるので「アングルを編集」をタップします。

❷ 「アングルエディタ」が表示されます。同期が外れたクリップをタップし、画面下の「同期」をタップします。

❸ 「マルチカムクリップを同期中」と表示されます。同期が完了したら、右上の「完了」をタップすると編集画面に戻ります。

❹ マニュアル操作でマルチカムクリップのタイミングを変える場合は、ジョグホイールを開き、「⇆」をタップしてからホイールを回すとクリップを前後に微調整することができます。

マルチカムクリップを長押し

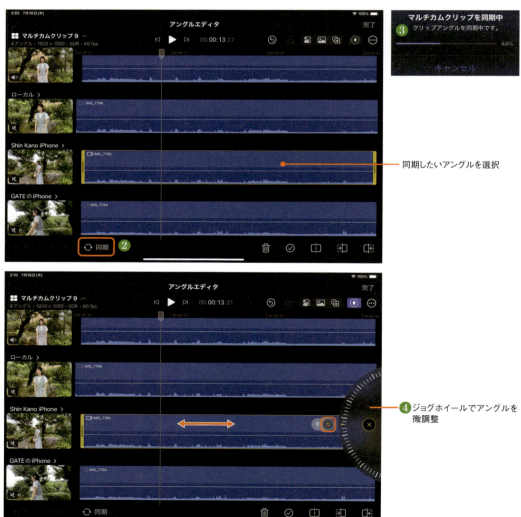

同期したいアングルを選択

❹ ジョグホイールでアングルを微調整

Column
本格的なカメラアプリ
「Final Cut Camera」

Final Cut CameraはiPhoneをハイクオリティの動画カメラに進化させるアプリケーションです。カメラ機能としてはレンズ選択、フォーカス、露出、色温度などをマニュアル操作できます。このため、従来のカメラアプリでは難しかった「ピント送り」や陰影を生かした映像を撮影できます。

Final Cut Cameraの画面

上から「フレームレート」「フォーマット」「HDR」「コーデック」　　レンズ選択　上から「傾き」「フォーカス」「露出」「色温度」

また、設定パネルではコーデック、フォーマット、ハイダイナミックレンジ（HDR）の選択、手ぶれ補正の有無などを設定できます。三脚を使った撮影では手ぶれ補正をオフにすることで、補正による画面の無駄な動きを抑えることができます。

もちろん、iPad版のFinal Cut Proと組み合わせてマルチカム撮影を実行できます。
Final Cut CameraはApp Storeで無料で入手できます。プロだけでなく、iPhoneでマニュアル風なカメラ操作を楽しみたい方にもおすすめのアプリです。

Section 04 Share to Mac

Final Cut Pro Guidebook

Mac版との連携

iPad用Final Cut Proで作成したプロジェクトは、Mac用Final Cut Proで編集できます。iPadでベースの編集をして、Macで仕上げるというワークフローが構築できます。

iPad用Final Cut Proのプロジェクトをコピーする

iPad用Final Cut Proで作成したプロジェクトを外付けのディスクまたはAirDropを使ってMacにコピーします。

▶ プロジェクトを外付けのディスクに書き出す

❶ あらかじめiPadにSSDドライブなど外付けのディスクを接続しておきます。

❷ iPad用Final Cut Proのプロジェクト画面で書き出すプロジェクトを選択し、「書き出し」から「iPad用Final Cut Proプロジェクト」をタップします。

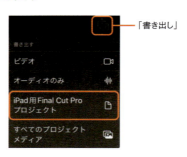
「書き出し」

❸ 「プロジェクトオプション」が表示されるので「すべてのメディアを含める」をオンにし、「書き出す」をタップします。

これでプロジェクトで使用しているメディアファイルを含めて書き出されます。

❹ 書き出し先を選択します。ここでは「ファイルに保存」をタップします。

❺iPadに接続したディスクを選択し、「保存」をタップします。

Final Cut Proのプロジェクトがディスクに書き出されます。書き出されたプロジェクトは他のiPadのFinal Cut Proで開くことができます。

外付けのディスクを選択

▶AirDropを使ってプロジェクトをMacに書き出す

iPadの近くにMacがある場合は、AirDropを使って直接Macにプロジェクトをコピーできます。

❶プロジェクトの書き出し先を選択する画面で、「AirDrop」を選択します。

❷送信先のMacを選択します。すると「AirDrop経由でコピーを送信」が表示され、プロジェクトが送信先のMacの「ダウンロード」フォルダ内に保存されます。

プロジェクトの送信先を選択

Mac用Final Cut Proで編集する

iPad用Final Cut Proで作成したプロジェクトを変換し、Mac用Final Cut Proで編集します。

▶ iPad用Final Cut Proのプロジェクトを変換する

最初にプロジェクトをMac用Final Cut Proのライブラリ形式に変換しておく必要があります。

❶ 書き出されたiPad用Final Cut Proのプロジェクトをダブルクリックします。またはファイルを右クリックして、メニューから「このアプリケーションで開く」→「Final Cut Pro」を選択します。

❷ Mac用Final Cut Proのライブラリ形式として保存先を選択し「保存」をクリックします。

変換したプロジェクトの保存先を指定

▶ NOTE ◀ Mac用からiPad用への変換はできない
iPad用Final Cut ProのプロジェクトをMac用Final Cut Proに変換することはできますが、Mac用からiPad用への変換はできないので注意してください。

▶ 変換されたライブラリをMac用Final Cut Proで編集する

Mac用Final Cut Proで変換されたライブラリを開きます。Mac用Final Cut ProではiPad用と同様に編集作業ができます。iPad用Final Cut Proのプロジェクトはライブラリに、タイムラインはプロジェクトに変換されます。タイトルやエフェクトはMac用Final Cut Proで設定を変更できます。

iPad用Final Cut Proで設定した「ライブ描画」は描き直しはできませんが、描画時間を変更することはできます。

iPad用Final Cut Proでプロジェクトをコンパクトにする

iPadでの編集のあとはプロジェクトをコンパクトにしてディスクの空き容量を節約しましょう。プロジェクトの保存先を外部ディスクではなく、iPad本体に設定している場合は、とくに空き容量に注意が必要です。

▶iPad用Final Cut Proで設定を開く

不要なファイルは「設定」で消去しておきましょう。

❶ iPad用Final Cut Proのプロジェクト画面で画面左上にある「管理」タブをタップします。
❷ 管理画面が開くので、「設定」を選択します。
❸「設定」画面で「ストレージ」の「レンダリングキャッシュを消去」をタップします。

不要なレンダリングファイルが消去されます。

▶プロジェクトファイルの削除

不要になったプロジェクトは削除できます。ただし、メディアファイルも削除されてしまうので先に保存しておきましょう。

❶ プロジェクト画面で消去するプロジェクトを選択し、ゴミ箱アイコンをタップします。

❷ 下図のようなメッセージが表示されます。「削除」をタップすると、プロジェクトとともに、プロジェクト内の動画や写真も削除されます。

ただし、複数のプロジェクトで使用している動画や静止画ファイルは削除されません。また、「写真」ライブラリから読み込んだファイルは元の「写真」ライブラリに残ります。

❸ プロジェクトで使用しているメディアを保存するには「書き出し」から「すべてのプロジェクトメディア」を選択します。

❹ 「保存先」を選択して、「ビデオを保存」を選択すると、「写真」ライブラリ内に保存されます。

❺ 「ファイルに保存」を選択すると、iPad内のフォルダまたは外付けのディスクに保存されます。

Column

iPadをサブディスプレイとして活用しよう！

iPadがあるなら、Sidecar機能を使ってMacのサブディスプレイとして活用しましょう。まず、MacとiPadの両方でWifiとBluetoothがオンになっていることを確認します。Macの「システム設定」→「ディスプレイ」を選択し、「+」から「iPad」を選択します。「使用形態」は「拡張ディスプレイ」とします。

Final Cut Proでは、「ウインドウ」メニューから「副ディスプレイに表示」→「ビューア」を選択します。これで「ビューア」の映像がiPadに表示されます。

※Sidecar機能は対応しているモデルのMacとiPadでのみ使用できます。

Final
Cut
Pro
Guidebook

第6章
Final Cut Proと他のアプリとの連携

ムービーをさまざまなフォーマットに変換する Compressor。
美しい映像効果を作成する Motion。
2つのアプリケーションは Final Cut Pro とは兄弟のような関係です。
ほかにも、カラーグレーディングツールやグラフィクソフトとの連繋も欠かせません。
さまざまなアプリケーションを自在に組み合わせて、映像表現に磨きをかけましょう。

Section 01 Compressor

Compressorでフォーマット変換

Final Cut Pro Guidebook

Compressorは、動画ファイルをエンコード（変換処理）するだけでなく、フレームレートやサイズの変更を実行する機能を備えています。映像制作の縁の下の力持ち的な役割を果たしてくれるツールです。

Compressorのインターフェイス

Compressorの基本的な操作の流れは以下のようになります。

1） エンコードを行う動画ファイルを「バッチ」パネルに追加します。
2） 「プリセット／場所」パネルからエンコード設定のプリセットを動画ファイルに設定します。
　　プリセットは必要に応じて「インスペクタ」パネルで調整します。プレビュー画面は2分割されており、左側にソース、右側にエンコード後のイメージが表示されます。
3） 「バッチ」パネルの「バッチを開始」ボタンでエンコードが開始されます。

それでは、実際のエンコード作業を詳しくみていきましょう。

エンコードの設定と実行

この例ではFinal Cut Proから書き出したMOV形式の動画から、MP4形式の動画ファイルとMP3の音声ファイルを作成します。

▶ファイルを指定してエンコードを設定する

「バッチ」パネルにソースとなるファイルを追加します。「バッチ」とは一括処理のことで、「バッチ」パネルにはエンコードが予定される処理を「ジョブ」として登録しておきます。ジョブを設定しておけば、あとはCompressorがやってくれるというわけです。

❶Compressorを起動し、「バッチ」パネルの「ファイルを追加」をクリックし、変換を行うファイルを選択します。

❷ムービーが「バッチ」パネルに追加されます。「プリセット／場所」タブをクリックし、プリセットを表示します。

「プリセット／場所」

追加された動画ファイル

SECTION 01 Compressorでフォーマット変換

279

❸MP4形式のエンコード設定として、「HTTPライブストリーミングを準備」から「ブロードバンド（高速）」を選択し、「バッチ」パネルの動画ファイルにドラッグします。

動画ファイルのジョブにプリセットが追加されます。

出力を消去するにはプリセットを選択し、右側に表示される「取り除く」をクリックします。または、プリセットを選択し、deleteキーを押します。

▶POINT◀ 「Compressorへ送信」を使う

Final Cut Proのタイムラインから直接Compressorを使って書き出す場合は、Final Cut Proの「ファイル」メニューから「共有」→「Compressorへ送信」を選択します。「ジョブ」にムービーファイルが登録された状態でCompressorが開きます。

プリセットをドラッグ

ジョブに追加されたプリセット　書き出し先の設定（次ページ参照）　取り除く

インスペクタ

▶ プリセットを調整する

プリセットの詳細設定は「インスペクタ」で調整できます。

❶「インスペクタ」タブをクリックし「インスペクタ」パネルを開きます。

動画ファイルに追加したプリセットを選択すると、「一般」「ビデオ」「オーディオ」の各項目の詳細設定が表示されます。

❷「ビデオ」タブを開き、「ビデオのプロパティ」から「フレームサイズ」を設定します。
この例では元の動画ファイルと同じ「1920×1080」を選択しました。
❸「平均ビットレート」は「コンピュータ再生」または「ソーシャルプラットフォーム」を選択しておきます。
❹「オーディオ」タブを開き、「オーディオのプロパティ」を設定します。
この例ではサンプルレートを「48kHz」、ビットレートを「256Kbps」と品質を少し高めに設定しました。
このように、Compressorではエンコードの設定を細かく調整できます。

▶ 書き出し先を設定する

プリセットでは書き出し先は「ソース」となっており、元の動画ファイルと同じ階層に設定されています。
「場所」の「ソース」を右クリックし、表示されるメニューから「場所」→「その他」を選択すると、書き出し先を変更できます。

▶ ビデオエフェクトを追加する

エンコードの際にエフェクトを追加することができます。

❶ プリセットを選択し、「インスペクタ」から「ビデオ」タブを選択します。

❷ 設定の下端にある「ビデオエフェクト」から「ビデオエフェクトを追加」を選択します。

ビデオエフェクトは複数、追加して設定できます。

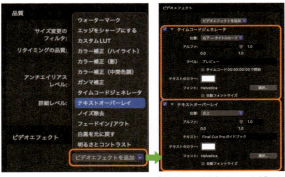

「タイムコードジェネレータ」「テキストオーバーレイ」を追加

▶ プリセットを追加する

ジョブには、複数のプリセットを追加できます。ここでは、「オーディオフォーマット」から「MP3」を動画ファイルにドラッグしました。動画と同様に「インスペクタ」でビットレートなどを設定しておきます。

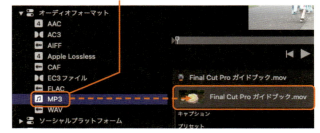

▶ プリセットを保存する

変更を加えたプリセットは保存しておくことができます。ジョブで変更を加えたプリセットを「プリセット／場所」パネルの「カスタム」にドラッグして登録します。

次回からは、カスタムに登録されたプリセットを使ってエンコードを行えます。

登録されたプリセット

▶ エンコードを実行する

エンコードを実行するには、「バッチ」パネル右下の「バッチを開始」ボタンをクリックします。

ウインドウが「アクティブ」タブになり、エンコードの進行状況が表示されます。エンコードが終わると設定した書き出し先にファイルが作成されます。

ウォッチフォルダ

「ウォッチフォルダ」を設定しておくと、Compressorはフォルダに追加されたメディアファイルを自動的にエンコードします。

❶「バッチ」パネルで「ウォッチフォルダ」タブをクリックし、「ウォッチフォルダを追加」をクリックします。

❷ 任意のフォルダを「ウォッチフォルダ」として選択します。

ここでは「エンコード素材」という名前のフォルダを選択しました。

❸「1つ以上のプリセットを選択」が表示されるので、プリセットを選択します。

ここでは「ソーシャルプラットフォーム」から「HD1080p」を選択しました。

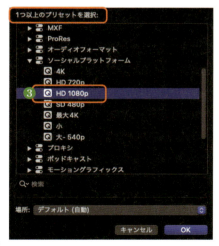

❹ ウォッチフォルダが設定されるので、フォルダ名の左側のチェックをオンにします。

このチェックをオフにすると、フォルダに動画ファイルを入れてもエンコードされません。

▶ウォッチフォルダでエンコードする

ウォッチフォルダに動画ファイルを追加するとエンコードが開始されます。動画ファイルを複数まとめて、ウォッチフォルダに追加してみましょう。

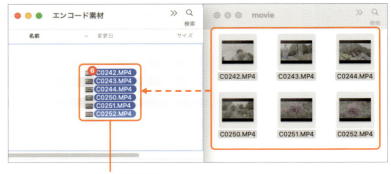

「ウォッチフォルダ」のフォルダ右側に「エンコード進行中」のアイコンが表示されます。

エンコードが終了すると、「エンコード素材-Output」という名称のフォルダが新たに作成され、エンコードされた動画ファイルがまとめられます。

このように「ウォッチフォルダ」はエンコードをまとめて自動処理する便利な機能です。たとえば、LOGで撮影された素材をプレビュー用に自動でLUT処理を加えて書き出すなど、手間のかかる作業をひとまとめに実行できます。

Section 02 Motion

Final
Cut
Pro
Guidebook

Motionとの連携

映像にもっと動きを加えたい、グラフィカルな要素を加えたい、そんな要望に答えてくれるのがMotionです。Motionの機能は多岐に渡りますが、ここではFinal Cut Proでの活用を中心に解説します。

Motionのインターフェイス

Motionのインターフェイスは4つの操作ウインドウで構成されています。

「ライブラリ／インスペクタ」
ライブラリには、動きを設定する「ビヘイビア」や「フィルタ」「ジェネレータ」などが収められています。また、「Music」や「写真」のライブラリにアクセスすることもできます。「インスペクタ」ではクリップに適用した「ビヘイビア」や「フィルタ」の調整を行います。

「プロジェクトパネル」

「プロジェクトパネル」はプロジェクトに読み込んだ素材を表示する場所です。タイムラインの構造を表示する「レイヤー」、クリップをリスト表示する「メディア」、音声情報を表示する「オーディオ」のタブがあります。

「キャンバス」

「キャンバス」はFinal Cut Proの「ビューア」と同様に映像のプレビュー画面として機能します。選択したクリップに対して、さまざまな調整を行う場所でもあります。

「タイミングパネル」

「タイミングパネル」内の「タイムライン」には、Final Cut Proと同じく再生ヘッドがあり、「キャンバス」に内容を表示します。また、「キーフレームエディタ」「オーディオタイムライン」を切り替えて表示できます。

「HUD」

Motionには操作パネルを補助する「HUD(ヘッドアップディスプレイ)」が付属しています。これは小型のフローティングウインドウで、「インスペクタ」での設定項目の一部が表示されます。

「HUD」は、「キャンバス」右上の「HUD」ボタンで表示のオン／オフを切り替えることができます。

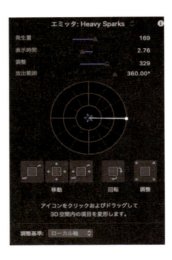

「HUD」ボタン

▶NOTE◀
「タイミングパネル」と「プロジェクトパネル」は表示をオフにできます。「ウインドウ」メニューから「プロジェクトパネルを隠す」または「タイミングパネルを隠す」を選びます。

Motionの基本操作

それではMotionのプロジェクト作成の基本的な流れを見ていきましょう。ここでは、文字の周囲を彩るキラキラを作成してみます。

▶「プロジェクトブラウザ」の設定

Motionではプロジェクト単位でコンテンツを作成していきます。プロジェクトの初期設定は「プロジェクトブラウザ」で行います。

❶ Motionを起動すると「プロジェクトブラウザ」が表示されます。

❷ ここでは「空白」カテゴリの「Motionプロジェクト」を選択し、右側の列でオプション類を設定します。

「Motionプロジェクト」は、Motion単体で完結するムービーを作成するプロジェクトです。右側のオプションは下記のように設定しました。

「プリセット」:「放送用 HD 1080」
「フレームレート」:「29.97 fps - NTSC」
「継続時間」:「10.0 SEC」

❸「開く」をクリックするとプロジェクトが開きます。

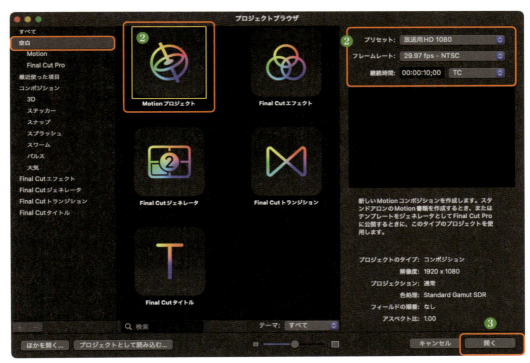

▶NOTE◀
左端列カテゴリー欄の「Final Cut エフェクト」〜「Final Cut タイトル」は、Final Cut Proで用いるエフェクトや素材を作成します。

▶ タイトルを作成する

はじめにタイトルを作成し、照明効果を追加します。

❶ キャンバス下にある「T」をクリックし、「テキスト」を選択します。

❷ キャンバスをクリックすると入力モードになるので、タイトルにする文字を入力します。

❸ インスペクタで「テキスト」タブを開き、文字のフォントやサイズを調整します。

▶ライトを設定する
❶照明効果を加えましょう。キャンバス上の「オブジェクトを追加」から「ライト」を選択します。

❷図のようなメッセージが表示されるので、「3Dに切り替え」を選択します。

ライトが追加されました。キャンバス上のタイトルを仮想のライトが照らしている効果になります。

❸「インスペクタ」から「ライト」タブを開き、ライトのタイプ、カラー、強度などを設定します。

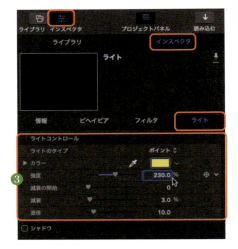

❹ 続いてライトを動かしてみましょう。「ライブラリ」から「ビヘイビア」→「基本モーション」と選択し、下欄の「モーションパス」を「ライト」にドラッグします。

❺ キャンバスにモーションパスが赤い線で表示されます。モーションパスの起点と終点をドラッグして設定します。

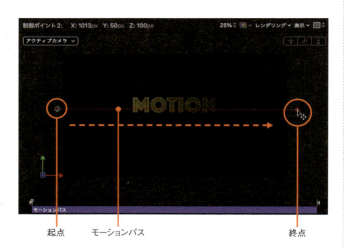

起点　　モーションパス　　　　　終点

❻ 再生すると、ライトが左から右に動き、タイトルの照明が変わるのがわかります。
モーションパス上の青い丸はライトの位置を示しています。

❼ このままでは動きがゆっくりすぎるので、モーションパスの長さを短くしてライトの動きを調整しておきます。

▶ パーティクルを追加する

キラキラの粒子を発生するパーティクルを追加します。

❶「ライブラリ」から「パーティクルエミッタ」→「スパークル」→「Heavy Sparks」を選択し、プロジェクトのレイヤーにドラッグして追加します。

パーティクルを追加

❷ レイヤーには追加した「Heavy Sparks」のグループが新たに作成されます。このグループにもライトと同様にモーションパスを追加します。

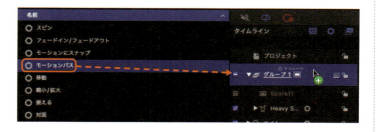

❸モーションパスの起点と終点を設定します。ここではパスの中間を右クリックし、ポイントを追加します。

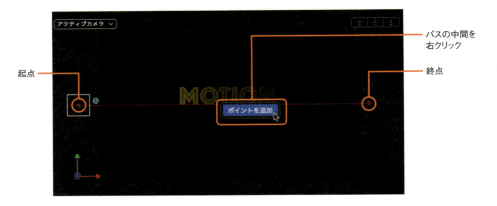

❹追加したポイントをドラッグしてモーションパスを山なりに変形してみます。モーションパスはこのようにポイントを加えることで自由な形に変形できます。

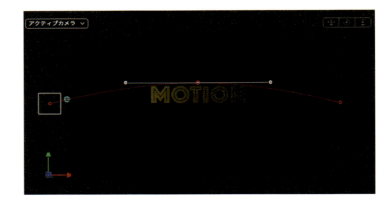

❺モーションパスの継続時間を調整し、ライトの動きと合わせるように設定します。

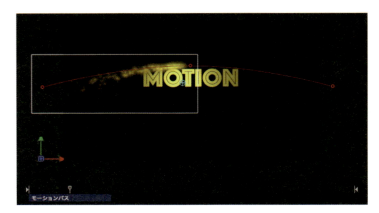

❻「Heavy Sparks」を選択し、「インスペクタ」から「エミッタ」タブを開き、シェイプや発生量などのパラメータを調整します。

追加したパーティクルの形や量をキャンバスで確認しながら調整します。

❼ 再生して確認します。
Motionには多くのパーティクルの素材が収録されています。いろいろ試してみるとよいでしょう。

▶ 動画を書き出す

作成したMotionのタイトルを動画として書き出します。

❶「共有」のプルダウンメニューから「ムービーを書き出す」を選択します。

❷書き出すムービーのフォーマットを設定します。

ここでは「フォーマット」を「ビデオのみ」、「ビデオコーデック」を「Apple ProRes 4444」と設定します。「Apple ProRes 4444」を選択したのは、合成用に背景が透過したデータ（カラー＋アルファ）を作成するためです。

❸「次へ」をクリックし、名前を付けて保存します。

❹Final Cut Proで背景素材とMotionから書き出したタイトル動画を合成します。

Final Cut Proで背景と合成

Final Cut Proテンプレート

Motionでは、Final Cut Proで利用できるエフェクト、タイトル、トランジション、ジェネレータなどを、「Final Cut Proテンプレート」として作成できます。また、Final Cut Proのトランジションやエフェクトの一部をMotionでカスタマイズし、Final Cut Proテンプレートとして保存して、Final Cut Proで利用することもできます。

▶ Final Cut Proのトランジションをカスタマイズする

Final Cut Proのトランジション「オブジェクト」の「葉」をカスタマイズしてみましょう。このトランジションは「葉」が画面を移動するタイミングで画が切り替わります。

この「葉」の部分を他のイラストに変えてトランジションをカスタマイズしてみましょう。Final Cut Proで桜の花のアニメーションを作成したうえで、Final Cut Proのトランジション「葉」をMotionで開き、Motion上で桜の花のアニメーションと差し替えるという手順になります。

Final Cut Proでトランジション用の動画を作成する

切り替わる「葉」の部分は1秒18フレームの動画になっています。そこで、はじめに1秒18フレームのトランジション用の動画をFinal Cut Proで作成しておきます。
Final Cut Proでプロジェクトを以下の設定で作成します。

- 「フォーマット」:1080p HD
- 「解像度」:1920×1080
- 「レート」:59.94p
- 「レンダリング」:Apple ProRes 4444

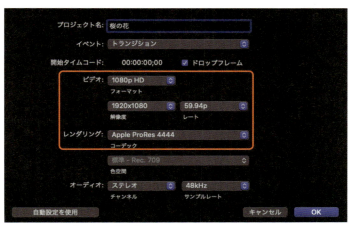

Final Cut Proでプロジェクトを作成する

イラストにアニメーションを設定する

「葉」の代わりになるイラストを用意します。

❶ この例では桜の花のイラストを使ってみます。Final Cut Proのタイムラインにイラストを配置します。

タイムラインにイラストを配置

❷「桜の花」のイラストにキーフレームを設定し、1秒18フレームのアニメーションを作成します。

この例では、画面の下から上に、4枚の桜の花が移動するアニメーションにしました。

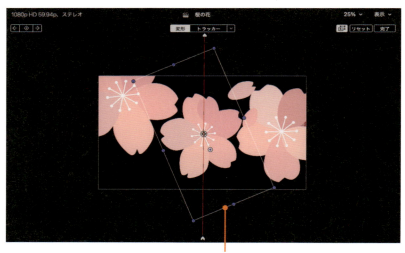

桜の花のイラストにアニメーションを設定しておく

プロジェクトを書き出す

プロジェクトをMOV形式の動画で書き出します。ウインドウ右上の「共有」ボタンをクリックし、「ファイルを書き出す」を選択します。設定画面が表示されるので以下のように設定します。

- 「フォーマット」:「ビデオのみ」
- 「ビデオコーデック」:「Apple ProRes 4444」

ビデオコーデックを「Apple ProRes 4444」にしたのは、背景の黒を透明部分として書き出すためです。この例では「桜の花」という名前で動画を書き出しました。

Final Cut ProのトランジションをMotionで開く

Final Cut Pro上で、Motionでカスタマイズするためのトランジションを選択し、Motionを起動します。

❶ Final Cut Proのトランジションブラウザで、「オブジェクト」→「葉」のアイコンを右クリックして「コピーをMotionで開く」を選択します。

Motionが起動します。「プロジェクトパネル」のレイヤーで「Leaves - Clip」というのが「葉」のムービーです。

Final Cut Proのトランジションを右クリック

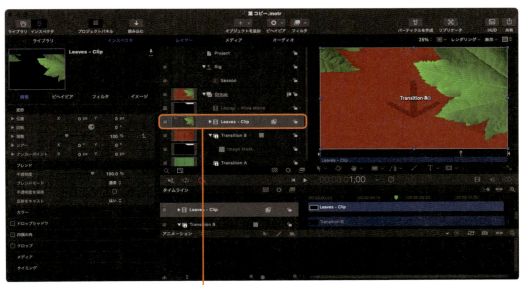

Motionが起動する　　「葉」の動画「Leaves - Clip」

❷Final Cut Proから書き出した動画「桜の花」を、FinderからMotionの「Leaves-Clip」にドラッグします。

❸「Leaves - Clip」と動画が入れ替わります。ここで、「Leaves - Clip」に設定されていたフィルタのチェックを外しておきましょう。

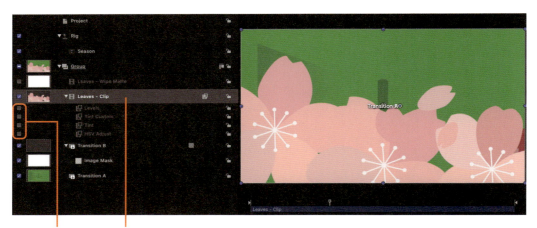

不要なチェックは外しておく　　入れ替わった動画

❹「ファイル」メニューから「別名で保存」を選択して、トランジションを保存します。

設定画面が表示されます。テンプレート名(この例では「桜の花」)を入力し、カテゴリを選択します。カテゴリを新規に作成しておくと整理しやすくなります。

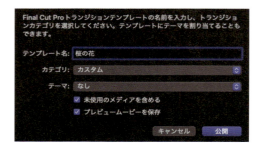

❺「公開」をクリックすると保存されます。

これでMotionは終了です。

作成したトランジションをFinal Cut Proで使用する

作成したトランジションをFinal Cut Proで使ってみましょう。Final Cut Proを開くと、新規に作成したカテゴリ「カスタム」にトランジション「桜の花」が作成されています。

作成されたトランジション

下図は、このトランジションの設定例です。

このように、Motionでカスタマイズすることで、オリジナルのエフェクトやトランジションを作成できます。

縦書き文字を作成する

Final Cut Proのテキストツールには縦書きのオプションがついていません。そこでMotionのカスタマイズ機能を使って縦書きができるように変更しましょう。

❶ Final Cut Proを開き、サイドバーの「タイトルとジェネレータ」を選択します。

「基本のタイトル」から「基本のタイトル」を右クリックし、「コピーをMotionで開く」を選択します。

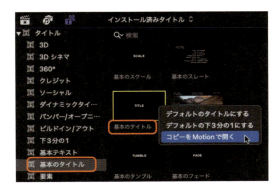

❷ Motionで「基本のタイトル コピー」が開きます。プロジェクトパネルから「Title」を選択します。

「Title」を選択

❸「インスペクタ」から「テキスト」→「レイアウト」を開きます。

❹「レイアウトコントロール」の「方向」の「水平」を「垂直」に変更します。

❺ 使いやすいように、デフォルトのフォントを設定しておきましょう。「インスペクタ」→「テキスト」→「フォーマット」の「フォント」で日本語フォントを設定します。

ここでは「ヒラギノ角ゴシック」に設定しました。

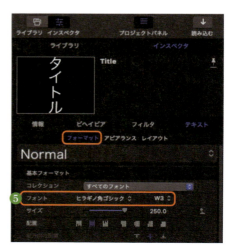

❻「ファイル」メニューから「別名で保存」を選択し、テンプレート名を入力して「公開」をクリックします。

テンプレート名は「たてがき」としました。これでMotionの作業は終了です。

❼Final Cut Proに戻り、「タイトルとジェネレータ」を選択します。

「基本のタイトル」にタイトル「たてがき」が作成されています。

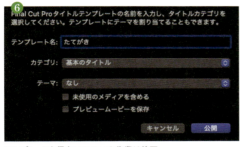

テンプレートを保存。Motionの作業は終了

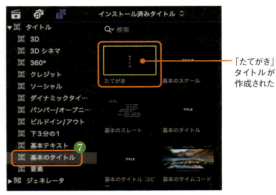

Final Cut Proの「タイトルとジェネレータ」

クリップに「たてがき」を適用してみましょう。図のように句読点の位置も問題なく、縦書きのタイトルを作成できます。

調整レイヤーを作成する

タイムライン上の複数のクリップにまとめてエフェクトを設定できる調整レイヤーをMotionで作成してみましょう。

❶Motionを起動し、プロジェクトブラウザで「Final Cutタイトル」を選択します（次ページ図）。

301

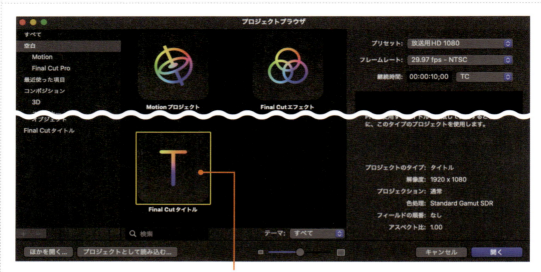

「Final Cutタイトル」を選択

❷ レイヤータブからテキストのレイヤーを選択し、deleteキーで削除します。
❸ その下の「タイトルの背景」にチェックを入れておきます。

タイトルの背景にチェックを入れる　　テキストレイヤーを削除

❹「ファイル」メニューから「別名で保存」を選択し、テンプレート名をつけて「公開」をクリックします。

ここではテンプレート名に「調整レイヤー」とつけました。
また新規カテゴリとして「カスタム」を作成しています。
これでMotionの作業は終わりです。

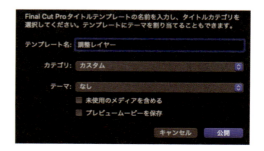

▶Final Cut Proで調整レイヤーを使う

Motionで作成した調整レイヤーをFinal Cut Proで使ってみましょう。Final Cut Proの「タイトルとジェネレータ」の「カスタム」内に「調整レイヤー」が作成されています。
「調整レイヤー」をタイムラインのクリップに接続します。この例では3つのクリップの上に「調整レイヤー」が配置されています。

タイトルとジェネレータ

調整レイヤー

「調整レイヤー」にエフェクトを設定すると、下に位置するクリップに設定が反映されます。この例では「調整レイヤー」のカラーボードを調整することで、下に位置するクリップの色をまとめて調整しています。

「調整レイヤー」のカラーボードを調整

Section 03 Photoshop

Photoshopとの連携

Final Cut Proでは、Photoshopの画像ファイルを読み込めます。これによって、Final Cut Proのタイトルやテロップ作成に、Photoshopの優れたグラフィック機能を生かせます。

Photoshopでタイトルを作成する

Final Cut Proからガイドとなる画像を書き出し、Photoshopでタイトルを作成してみましょう。

▶ **Final Cut Proの環境設定を変更する**

はじめにFinal Cut Proの設定をしておきます。

❶ Final Cut Proの「設定」メニューで表示されるウインドウの「読み込み」パネルを選択します。

❷「ファイル」の「ファイルをそのままにする」を選択します。

この設定により、外部ファイルの変更内容を自動的にタイムラインのクリップに反映させることができます。

▶ **Final Cut Proから静止画を書き出す**

それでは実際に画像を書き出してみましょう。

❶ タイムライン上でテキストを載せたいフレームに、キーボードの「M」キーでマーカーを作成しておきます。

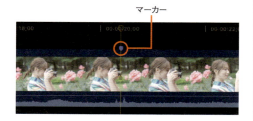

❷ ウインドウ右上の「共有」ボタンのメニューから「現在のフレームを保存」を選択します。

もし「現在のフレームを保存」が共有リストにない場合は「出力先を追加」で追加しておきます。

❸「現在のフレームを保存」の設定が表示されます。「設定」パネルの「書き出し」のポップアップメニューから「Photoshopファイル」を選択し、「次へ」をクリックします。

❹書き出す画像のファイル名と保存場所を指定して、保存します。
ここでは「タイトル」という名前で保存しました。

▶ Photoshopでタイトルを作成する

書き出した画像をPhotoshopで開き、タイトルを作成します。

❶「タイトル.psd」をPhotoshopで開いて、文字をレイアウトします。
ここでは、レイヤースタイルでドロップシャドウや枠線などの効果も加えました。

Photoshopの画面

文字ツールでタイトルを作成

SECTION 03 Photoshopとの連携

305

❷ ガイドに使った静止画のレイヤーをオフにし、文字のレイヤーだけを残してファイルを保存します。

❸ Final Cut Proに戻り、Photoshopで保存した画像ファイルをタイムラインに読み込みます。
タイムラインにつけたマーカーを参考にします。

❹ 図のようにPhotoshopで作成したタイトルをFinal Cut Proで表示できました。
タイトルは一般的な静止画のクリップとして扱えます。

静止画のレイヤーをオフにする
Photoshopで作成したタイトル

Final Cut Proの画面

Photoshopで作成したタイトルが表示される

▶ テロップを修正する

作成したテロップはPhotoshopで修正できます。

❶ イベント内のクリップを右クリックして、メニューから「Finderに表示」を選択し、Finder上のオリジナルのファイルを表示します。

❷ 画像ファイルをPhotoshopで開き、修正を加えます。

❸ 作業が完了したら、画像レイヤーを非表示にし、「ファイル」メニュー→「保存」で上書き保存します。

Photoshopの画面　　❷ Photoshopでタイトルを修正

Final Cut Proでは、上書き保存された画像ファイルに自動的に再接続して表示します。このようにPhotoshopと連携してタイトルを作成し、修正することができます。Final Cut Proで読み込みし直す作業が省けるので便利です。

Final Cut Proの画面　　Photoshopの修正が反映される

MEMO ●●●●●●

▶ココがポイント！　Photoshopの画像モードについて

Photoshopのレイヤースタイル（縁取りやドロップシャドウ）は、画像のモードがRGBカラー・16bitチャンネルである場合に正しく反映されます。画像モードは、Photoshopの「イメージ」メニューの「モード」サブメニューで確認できます（チェックされているモード）。RGBカラー・8bitチャンネルの場合は、レイヤーは読み込めますが、レイヤースタイルは省略されて読み込まれます。

Column

Keynoteで
お手軽タイトル作成

Photoshopを使いこなすのは難しい、という方にはKeynoteでタイトルを作る方法が簡単でオススメです。以下に操作例を示しましょう。

Final Cut Proで書き出した静止画をベースにKeynoteのスライドで吹き出しや文字を作成します。

Keynoteの画面　　　　　　　　　　Keynoteで吹き出しと文字を作成

スライドのコピーを作成しベースにした静止画を削除します。また背景の「現在の塗りつぶし」を「塗りつぶしなし」にします。

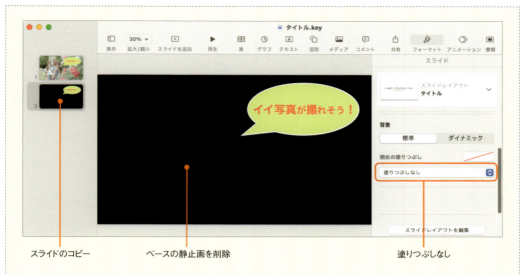

スライドのコピー　　ベースの静止画を削除　　塗りつぶしなし

「ファイル」メニューから「書き出し」→「画像」を選択します。
「プレゼンテーションを書き出す」が表示されるので、「フォーマット」で「PNG」を選択し、「透明な背景で書き出す」にチェックを入れて保存します。
書き出したPNGファイルはFinal Cut Proで読み込んで使えます。いろいろなツールと組み合わせて表現の幅を広げていきましょう。

Final Cut Proの画面

Section 04
DaVinci Resolveとの連携

Final Cut Pro Guidebook

Blackmagic Design社のDaVinci Resolveは、編集アプリケーションであると同時に高度なカラーグレーディングツールでもあります。Final Cut Proとの連携の方法についてみてみましょう。

DaVinci Resolve(https://www.blackmagicdesign.com/jp/products/davinciresolve/)は標準版とスタジオ版があり、標準版は無料でダウンロードできます。Final Cut ProのXMLを直接読み込めるので、相互に連携がしやすいのも特徴です。

Final Cut ProのプロジェクトをDaVinci Resolveで開く

Final Cut ProからXMLを書き出し、DaVinci Resolveで開いてみましょう。

▶ Final Cut ProからXMLを書き出す

XMLは他のアプリケーションとの連携を考慮した編集ファイルです。XMLをFinal Cut Proから書き出します。

❶Final Cut Proで素材を編集したプロジェクトを用意します。

❷「ファイル」メニューから「XMLを書き出す」を選択します。
❸書き出すXMLのファイル名と書き出し先を指定し、「保存」をクリックします。
書き出し先は書き出し元のライブラリと同じディスクにしておきます。

▶POINT◀ XMLを書き出すタイムラインはシンプルにしておく
DaVinci ResolveではFinal Cut Proの編集内容やエフェクトを完全に再現することはできません。Final Cut Proのプロジェクトでは複合クリップなどは使用せず、タイムラインはシンプルな構成にしておきましょう。また、Final Cut Proで設定したLUT情報なども引き継がれないため、改めてDaVinci Resolveで設定します。

▶ DaVinci ResolveでXMLを読み込む
Final Cut Proで書き出したXMLを、DaVinci Resolveで読み込みます。

❶ DaVinci Resolveを起動し、「Untitled Project」を選択して、空のプロジェクトを作成します。
❷「ファイル」メニューから「読み込み」→「タイムライン」を選択します。
❸ Final Cut Proから書き出したXMLを選択して、「読み込み」をクリックします。

❹「XMLをロード」が表示されます。「メディアプールにソースクリップを自動読み込み」にチェックが入っているのを確認して「OK」を選択します。

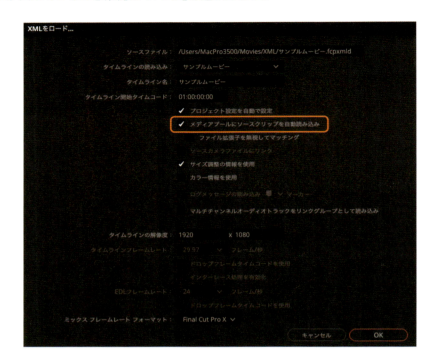

❺DaVinci ResolveにXMLが読み込まれ、メディアプールに動画素材が収められます。
「エディット」ページで確認すると、Final Cut Proと同じようにタイムラインにクリップが並んでいるのがわかります。問題なく読み込まれたら、プロジェクトを保存しておきましょう。

「エディット」ページ

▶ DaVinci Resolveで色を補正する

DaVinci Resolveの「カラー」ページでクリップの色を補正してみましょう。

❶ **DaVinci Resolveの「カラー」ページを開きます。**

DaVinci Resolveでは、「ノード」という設定パネルをラインで繋げていくことでエフェクトを加えることができます。基本は左から右へと順番に「ノード」が設定されます。初期設定ではクリップごとに1つの「ノード」が設定されています。

❷ 素材のクリップはLogモードで撮影されています。そこで、ノードでLUTを設定しましょう。

ノードを右クリックし「LUT」から設定するLUTを選択します。

❸色補正を行うためのノードを追加します。ノードのあるパネル内の任意の場所を右クリックし、表示されるメニューから「ノードを追加」→「Corrector」を選択します。

❹「Corrector」のノードが追加されるので、ラインを引いてリンクを設定しておきます。

追加されたノード　　ライン

❺追加されたノードを選択し、「プライマリー・カラーホイール」を使って明るさや色調を調整します。

ノードを選択

プライマリー・カラーホイール

「プライマリー・カラーホイール」の「リフト」「ガンマ」「ゲイン」「オフセット」は、Final Cut Proのカラーホイールではそれぞれ「シャドウ」「中間色調」「ハイライト」「グローバル」に相当します。

「リフト(シャドウ)」　「ガンマ(中間色調)」　「ゲイン(ハイライト)」「オフセット(グローバル)」

❻ 最後に肌のディテールを調整しましょう。3つ目のノードを追加し、プライマリー・カラーホイールの「ミッド」の値をマイナス方向に調整します。

これにより、主に肌色の部分のディテールがなめらかになります。このように、ノードを設定していくことで細かな調整を段階を経て行うことができます。

ノードを選択

「ミッド」

DaVinci ResolveのプロジェクトをFinal Cut Proで開く

DaVinci Resolveで色補正を行ったプロジェクトを、Final Cut Proで開いて編集してみましょう。

❶ プロジェクトを開いているDaVinci Resolveで「デリバー」をクリックします。

「レンダー設定」が表示されます。

❷ 「Export」の設定から「Final Cut Pro X」を選択し、保存先を設定します。

❸ 「ビデオの書き出し」にチェックが入っていることを確認します。

❹ 右下の「レンダーキューに追加」をクリックします。

DaVinci Resolveのパネル右上に「レンダーキュー」が表示されます。

❺ 「すべてレンダー」をクリックすると、書き出しがスタートします。

▶POINT◀ 「レンダー設定」では編集用の「のりしろ」を設定しておく

「レンダー設定」の初期設定では、書き出されるビデオファイルはDaVinci Resolveのタイムラインで使われている部分のみになります。そのままでは、Final Cut Proで修正しようとしてもクリップに余裕がないため編集できません。そこで「ビデオの書き出し」の「詳細設定」から「全体をレンダー」にチェックをいれておきます。これでオリジナルの編集素材と同じ長さの動画が書き出されます。

編集素材と同じ長さが不要な場合は、「追加」の「ハンドル」で秒数を指定しておきます。設定した秒数分が編集用の「ハンドル」(=「のりしろ」)として前後に足されて動画が書き出されます。

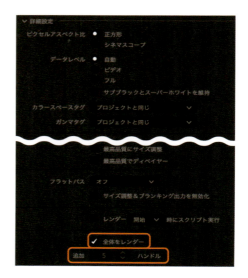

❻書き出しが完了すると、図のようにFinal Cut Pro用のXMLファイルと、DaVinci Resolveで色調整され、書き出された動画ファイルが同じ場所に保存されます。

書き出された動画ファイル　　　　　　Final Cut Pro用のXMLファイル

❼Final Cut Proを開き、「ファイル」メニューから「読み込む」→「XML」を選択し、DaVinci Resolveから書き出されたXMLファイルを読み込みます。

図のように、Final Cut ProでDaVinci ResolveのXMLを開き、編集することができます。

読み込んだXMLファイル

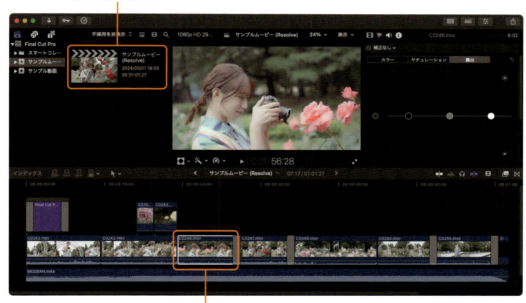

DaVinci Resolveで色調整された動画ファイル

Column
XMLを使った
他社製ツールとの連携

Final Cut ProのXMLをさらに変換することで、他社製のアプリケーションと編集データを共有することができます。

DaVinci Resolve での XML 再変換

DaVinci Resolveのレンダー設定を使うとFinal Cut Proのプロジェクトをさらに他のアプリケーション用の編集データに変換できます。AdobeのPremiere用のXMLファイルや、ProTools用のMXFファイルなどを書き出すことができます。

Final Cut Pro XML の再変換ツール

以下のツールは専用ツールとして、いずれもMac App Storeで入手できます。
ただし、お使いの環境によってはうまく動作しないことがあるので注意してお使いください。

•**X2Pro Audio Convert**

Final Cut ProのXMLデータをAAFにコンバートします。AAFはサウンドミキシングのための汎用フォーマットで、Avid社のProToolsなどで読み込むことができます。Final Cut Proで編集し、ProToolsのある編集スタジオでMAを行うというワークフローを実現できます。

•**XtoCC**

Final Cut ProのXMLデータをPremiere Pro CC、After Effects、AuditionなどのAdobe製品で読み込めるように変換します。

•**SendToX**

旧版のFinal Cut Pro 6、7のほか、Premiere Pro CCから書き出したXMLファイルを変換しFinal Cut Proで読み込むことができます。

•**EDL-X**

Final Cut ProのXMLファイルをEDLフォーマット(CMX3600形式)にコンバートします。EDLは汎用の編集データとして多くの編集アプリケーションが対応しています。

```
Final
Cut
Pro
Guidebook
```

第7章
作業環境の設定とファイル管理

どんな優れたアプリケーションでも、最初に面倒な設定をマスターしないと作業できないというのでは、やる気が失せてしまいます。
Final Cut Pro の設定項目はシンプル。
初期設定でもすぐに映像の編集を始めることができます。
必要なときに設定を変更し、作業を進めていくというスタイルが手軽でよいのです。

Section 01 Settings

Final Cut Pro Guidebook

Final Cut Proの環境設定

Final Cut Proの設定は、「Final Cut Pro」メニューの「設定」で表示されるウインドウで行います。「一般」「編集」「再生」「読み込み」「出力先」の5つのパネルがあります。

「一般」パネル

Final Cut Proの編集作業についての共通設定項目がまとめられています。

「時間表示」

タイムラインやビューアでの時間表示を選択します。

「HH:MM:SS:FF」:「時:分:秒:フレーム」で表示します。
「HH:MM:SS:FF+サブフレーム」:サウンド編集で用いるサブフレームを含めて表示します。
「フレーム」:クリップの頭からのフレーム数を表示します。
「秒」:秒単位で表示します。

▶POINT◀ **映像のフレームレートより細かい「サブフレーム」**
「サブフレーム」はビデオのフレームレート(29.97フレーム/秒など)をさらに細かく、1/80に分割したものです。主にサウンド編集の際に、映像より細かい時間単位でキーフレームを設定したり、オーディオクリップのタイミングを合わせるために用います。

「HH:MM:SS:FF+サブフレーム」の例。サブフレームはビデオフレームの1/80で表示される

「ダイアログの警告」

「すべてをリセット」:非表示設定にしたメッセージをリセットし、すべてを表示します。

「Audio Units」

「次回の起動時に検証」:サードパーティのAudio Units(AU)エフェクトで問題が生じた場合に、再起動後に検証を行います。

「インスペクタの単位」
クリップのインスペクタで「変形」「クロップ」「歪み」を調整する際にピクセル単位で調整するか、パーセントで調整するかを選択します。

「色補正」
デフォルトで用いる色補正ツールを選択します。

「HDR」
「自動カラー適合」:チェックを入れておくと、HDR(ハイダイナミックレンジ)の素材をタイムラインに挿入した際に、自動でカラー調整を行います。

「編集」パネル

主にタイムラインでの操作に関係する項目についての設定がまとめられています。

「タイムライン」
「詳細なトリミングフィードバックを表示」:チェックを入れると、トリム編集の際にビューアに前後の2画面を表示します。
「編集操作後に再生ヘッドを配置」:「接続」「挿入」「追加」「上書き」ボタンでクリップをタイムラインに配置した際に、配置したクリップの末尾に再生ヘッドを自動的に移動させます。

「オーディオ」
「参照波形を表示」:チェックを入れると、オーディオ波形のイメージを拡大して、現在のオーディオ波形に重ねて薄く表示します。レベルを下げたときなどに音のタイミングをつかみやすくなります(P.161「MEMO オーディオの波形を示す「参照波形」」参照)。

「継続時間」
各項目でのデフォルト(初期設定)での設定時間を調整します。
「オーディオフェード」:クリップを選択し、「変更」メニューの「オーディオフェードを調整」→「フェードを適用」でクリップの前後にオーディオフェードを設定したときの時間を設定します。
「クロスフェード」:2つのクリップを選択し「変更」メニューの「オーディオフェードを調整」→「クロスフェード」を設定したときに音声トラックが前後で重なる時間を設定します。
「静止画像」:静止画を読み込んだ際に設定されるクリップの長さを設定します。テキストやジェネレータで生成されるクリップの長さもここで設定します。
「トランジション」:クリップにトランジションを適用した際の長さを設定します。

「再生」パネル

レンダリングと再生環境の設定項目です。タイムラインでクリップを再生する際のパフォーマンスに関わる項目が主に置かれています。

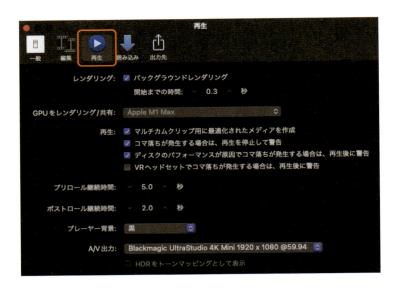

「レンダリング」
　「バックグラウンドレンダリング」：チェックを入れておくと、作業の合間にバックグラウンドでレンダリング処理を実行します。
　「開始までの時間」：時間を短く設定すると、すぐにバックグラウンドレンダリングを開始します。

「GPUをレンダリング／共有」
eGPUなど外部レンダリングの環境がある場合に選択します。ただし、Intelプロセッサを搭載したMacが対象となります。

「再生」
　「マルチカムクリップ用に最適化されたメディアを作成」：チェックを入れておくと、マルチカム編集を行う場合に、メディアをプロキシなどスムーズに再生できるコーデックに変換しておきます。
　「コマ落ちが発生する場合は、再生を停止して警告」：チェックを入れておくと、コマ落ち再生の際に警告メッセージが表示されます。エフェクトを多く設定しているクリップで、コマ落ちしてもリアルタイムで再生したい場合はチェックを外しておきます。
　「ディスクのパフォーマンスが原因でコマ落ちが発生する場合は、再生後に警告」：チェックを入れておくと、ディスク速度に起因してコマ落ちする場合に警告メッセージが表示されます。
　「VRヘッドセットでコマ落ちが発生する場合は、再生後に警告」：チェックを入れておくと、360°動画編集などをVRヘッドセットで再生中にコマ落ちした場合に警告メッセージが表示されます。

「プリロール継続時間」
ループ再生などで選択部分より前から再生するときに設定します。

「ポストロール継続時間」
ループ再生などで選択部分より後まで再生するときに設定します。

「プレーヤー背景」

クリップを縮小やトリムで切り取ったときの背景色を指定します。この背景は操作時のみ有効でレンダリングすると黒になります。

プレーヤー背景を「チェッカーボード」に設定

「A/V出力」

モニタ出力用のビデオカードやインターフェイスを接続している場合に、出力先を選択することができます。なお、「A/V出力」を選択しても映像が出ない場合は、「ウインドウ」メニューの「A/V出力」にチェックが入っているか確認しましょう。

　「HDRをトーンマッピングとして表示」：HDRのプロジェクトを編集する際に、外部ディスプレイがHDR表示に対応していない場合にチェックを入れます。明度の高い部分が圧縮され、違和感が生じないように表示されます。

「読み込み」パネル

編集素材を読み込む際の設定項目です（次ページ図参照）。「メディアを読み込む」ウインドウでの設定と連動しています。Final Cut Proでは、タイムラインにドラッグ＆ドロップしてメディアを読み込むこともできますが、その際にもこの設定が適用されます。

▶NOTE◀

「読み込み」パネルの「キーワード」以下の項目は、読み込み後に自動的に実行する作業（バックグラウンド処理）を指定しておくものです。チェック項目が多くなると、「バックグラウンドタスク」に要する時間が長くなります。各設定項目は読み込み後に改めて実行できます。

解析中のバックグラウンドタスク

「ファイル」
　「ライブラリストレージの場所にコピー」：読み込む際にメディアをライブラリにコピーします。
　「ファイルをそのままにする」：メディアをライブラリにコピーせず、元ファイルにリンクします。

「キーワード」
　「Finderタグから」：Finder上でファイルに付けたタグ（青や赤の印）を元にしてキーワードエディタ（P.035）で整理します。
　「フォルダから」：メディアをフォルダごと読み込んだ場合に、フォルダ名を元にキーワードエディタで整理します。

「ビデオを解析」
　「バランスカラー」：自動的に色補正を行う「バランスカラー」の計算をしておきます。
　「人物を探す」：顔認識技術を用いて、人物が登場しているクリップをまとめるための計算をしておきます。
　　「人物の検索結果をまとめる」：「人物を探す」の解析後に検索結果を表示します。
　　「スマートコレクションを作成する」：「人物1人」「人物2人」「グループ」「クローズアップのショット」「標準的なショット」「ワイドショット」のスマートコレクションにまとめます。

「トランスコード」
　「最適化されたメディアを作成」：読み込んだ素材を編集に適した「Apple ProRes 422」形式に変換します。
　「プロキシメディアを作成」：少し画質は落ちますが、容量を抑えた「Apple ProRes 422（プロキシ）」形式に変換します。
　　「コーデック」：プロキシメディアを「Apple ProRes 422（プロキシ）」またはMP4で用いられる「H.264」のどちらかを選びます。
　「フレームサイズ」：プロキシメディアのオリジナルとのサイズ比を設定します。

「オーディオを解析」
　「オーディオの問題を修正」：音声のノイズなどを補正したいときにチェックを入れておきます。
　「モノラルとグループ・ステレオを分離」：2チャンネルに同じ音が収録されているモノラル、情景音とマイクなど別の音が収録されているデュアルモノ、音楽などステレオ、と素材を分ける作業を行います。
　「無音のチャンネルを取り除く」：マルチチャンネル録音の素材で音声が収録されていないチャンネルを取り除きます。

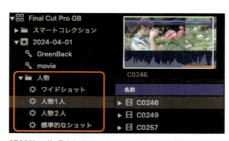
解析後に作成されたスマートコレクションの例

▶POINT◀
読み込み後にクリップのビデオとオーディオの解析を行う場合は、ブラウザ内のクリップを選択し、「変更」メニューから「解析と修復」を選択します。

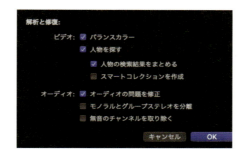

「オーディオロールを割り当てる」
クリップの中のオーディオについて、ロールを割り当てます。通常は「自動」にしておきます。
　「iXMLトラック名がある場合は割り当てる」：読み込むクリップがiXMLデータで仕分けされている場合は、そのデータ名でロールを割り当てます。

「出力先」パネル

ビューア右上の「共有」で表示される項目を設定します（次ページ図）。「ファイル」メニューの「共有」→「出力先を追加」で表示されるパネルと同じです。

「出力先を追加」：表示される項目を右ウインドウから選び、ドラッグまたはダブルクリックで左ウインドウの出力先リストに追加します。
「現在のフレームを保存」：静止画像の書き出しを行う設定です。
「イメージシーケンス」：CG制作などで静止画像の連番ファイルを書き出すときに使用します。

左列の出力先リストの項目を選択すると、書き出す際の初期値を設定できます。

▶POINT◀
Final Cut Pro 10.8以降、Compressor 4.8以降では出力先としてDVDやBlu-rayなどのディスクメディアはサポートされなくなりました。
MacでDVD-Rなどを作成する場合は「Toast」などサードパーティのソフトウェアをお使いください。

Section 02 Monitoring

Final **C**ut **P**ro Guidebook

外部モニタに出力する

AJA社の「Io」シリーズやBlackmagic Design社の「UltraStudio」などの外部デバイスを使うことで、映像と音声を高品質でモニタリングできます。

AJA社のIo X3

Blackmagic Design社のUltraStudio 4K Mini

Final Cut Proでスタジオ品質のモニタリング環境を構築するには、専用のデバイスで編集用モニタやスタジオミキサーに信号を出力する必要があります。出力には、主にThunderbolt3またはThunderbolt4が用いられます。ここでは、Blackmagic Design社の「UltraStudio 4K Mini」を例にして出力設定を説明します。

デバイスの設定を行う

デバイスの専用ドライバー(Blackmagic Design Desktop Video)をMacにインストールし、設定を行っておきます。

▶ デバイスを設定する

❶ Desktop Videoを専用のインストーラを使ってMacにインストールします。

Desktop Videoをインストールすると、Macのシステム設定に追加されます。

❷ MacOSの「システム設定」で「Blackmagic Design」を選択します。

❸ Macに接続されているデバイスの設定パネルが表示されるので、中央の「設定」をクリックします。

❹ 映像の出力フォーマットを選択します。「General」と「Final Cut Pro」の2つの項目があるので両方とも同じ設定にします。

出力フォーマットを選択

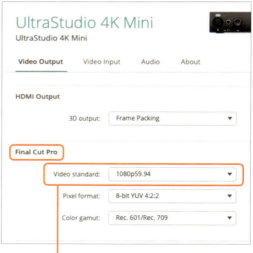

同じフォーマットを選択

❺ 設定後は画面下の「Save」で保存しておきます。

▶ サウンド出力を設定する
❶ MacOSの「システム設定」→「サウンド」を選択します。
❷「出力」タブで接続されているデバイス(「Blackmagic UltraStudio 4K Mini」)を選択します。
この設定でFinal Cut Pro以外のアプリケーションのサウンド出力もデバイス経由で出力されます。

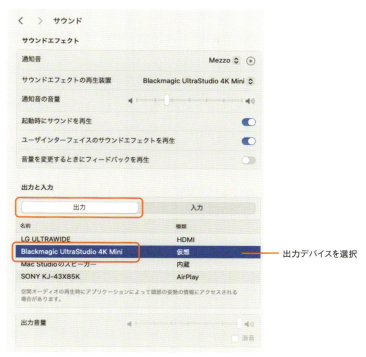

MacOSの「システム設定」→「サウンド」の画面

Final Cut Proの設定を行う

デバイスの設定を行ったらFinal Cut Proから出力の設定を行います。

❶「Final Cut Pro」メニューから「設定」を選択し、表示されるウインドウで「再生」パネルを表示します。
❷「A/V出力」で出力先のデバイスを選択して、ウインドウを閉じます。

❸「ウインドウ」メニューから「A/V出力」を選択します。

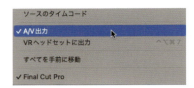

デバイスを経由して高品質の映像と音声が出力され、編集のモニタリングを行うことができます。

Section 03 Shortcut
ショートカットキーの管理とカスタマイズ

Final Cut Pro Guidebook

Final Cut Proには、コマンドを手早く処理するためのショートカットキーが多く割り当てられています。このSectionではショートカットの探し方、新たなショートカットキーを割り当てる方法などをまとめておきます。

ショートカットキーの検索、割り当てなどは「コマンドエディタ」で管理しています、コマンドエディタは「Final Cut Pro」メニューの「コマンドセット」→「カスタマイズ」で開けます。

ショートカットキーを見つける

コマンドエディタを使ってショートカットキーを見つけてみましょう。ショートカットキーはメニューからアクセスできる項目以外にもたくさんあります。

▶ コマンドグループから見つける

「コマンドリスト」左端列の「コマンドグループ」からショートカットキーを探してみましょう。「メインメニューのコマンド」はメニュー別の一覧、その下はカテゴリ別のコマンドグループで分類されています。
たとえば「トリム」ツールのショートカットキーは、「コマンドグループ」の「ツール」→「Command」の「トリムツール」とたどると、「T」キーであることがわかります。

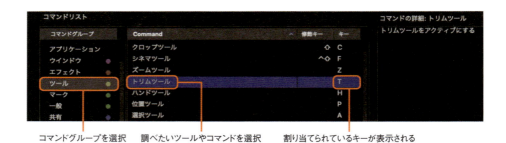

キャプション:
- コマンドグループを選択
- 調べたいツールやコマンドを選択
- 割り当てられているキーが表示される

「キーボード・ハイライト・ボタン」を選択すると、「ツール」グループに関連したキーがハイライトで表示されます。

- 「ツール」関連のキーがハイライト表示される
- キーボード・ハイライト・ボタン

▶ キーワードから見つける

検索フィールドに文字を入力してショートカットキーを探してみましょう。「コマンドグループ」で「すべてのFinal Cut Proコマンド」を選択してから、検索フィールドに検索語を入力します。たとえば、検索フィールドに「停止」と入力すると、「停止」に関連したショートカットキーがリストアップして表示されます。

▶NOTE◀ 主なMacの装飾キー記号
メニューコマンドなどに表記される装飾キーの記号を右に示します。

キー名	記号
command（コマンド）	⌘
option（オプション）	⌥
control（コントロール）	⌃
shift（シフト）	⇧

▶ キーから見つける

コマンドエディタのキーボードから任意のキーを押してみましょう。

たとえば「K」キーには図のように「停止」以外にさまざまなショートカットキーが割り当てられているのがわかります。装飾キーと組み合わせることで、ショートカットキーは多くのバリエーションを設定できるのです。

「K」キーをクリック
「K」キー関連のショートカットキー

コマンドにショートカットキーを割り当てる

「コマンドリスト」を見ると、ショートカットキーが割り当てられていないコマンドがたくさんあるのがわかります。割り当てられていないコマンドにはショートカットキーを割り当てることができます。

▶ コマンドセットを複製する

まず、自分用にコマンドセットの複製を作成しておきます。コマンドエディタ左上のポップアップメニューから「複製」を選択します。ここでは「新しいコマンドセット」という名前でコマンドセットの複製を保存しました。

▶ ショートカットキーを割り当てる

例として、コマンド「Compressorへ送信」にショートカットキーを割り当ててみましょう。

コマンドリストで「コマンドグループ」の「共有」→「Command」の「Compressorへ送信」を選びます。

「Compressor」なので「C」キーのショートカットを確認してみます。すると「⇧（shift）」と「⌘（command）」キーとの組み合わせが空いているのがわかります。

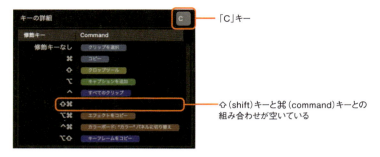

「Compressorへ送信」を選択して、shiftキーとcommandキーと「C」キーを押すと、コマンドにショートカットが設定されます。なお、既存の組み合わせで登録しようとすると警告メッセージが表示されます。

コマンドエディタ右下の「保存」ボタンを押して設定したショートカットを保存しておきます。作業終了であれば「閉じる」でコマンドエディタを閉じます。

コマンドセットの選択

「Final Cut Pro」メニューの「コマンドセット」で確認してみると、「新しいコマンドセット」が選択されているのがわかります。初期設定のショートカットに戻すには「デフォルト」を選択します。

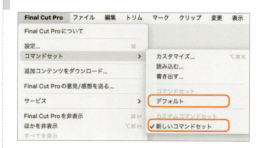

コマンドセットは書き出して、他のMacにインストールされているFinal Cut Proで読み込んで使うことができます。自分好みのショートカットを登録して、使い勝手のよい編集環境をつくりあげましょう。

Section 04
Manage files
ファイルの情報と管理

Final
Cut
Pro
Guidebook

Final Cut Proはファイルベース時代の特性を生かした編集アプリケーションです。クリップの情報はインスペクタで詳細に確認できます。ファイルを見失ったら「メディアの再接続」を使いましょう。

ファイルの情報とトランスコード

Final Cut Proに読み込んだクリップは、ライブラリ内のメディアファイル、あるいはライブラリからリンクした外部のメディアファイルを参照しています。
クリップの再生がスムーズでない場合は、編集用にトランスコード（変換）したメディアファイルを使用することもできます。クリップがどのメディアファイルを使用できるかは「ファイル情報」で確認できます。

▶ ファイル情報

クリップがどのムービーファイルを参照しているか確認してみましょう。ブラウザ内またはタイムライン上のクリップを選択し、「インスペクタ」の「情報」インスペクタを選択し、表示されるファイル情報を確認します。

次ページ「メディアのトランスコード」参照

「イベント」
クリップが含まれているイベント名を表示します。

「場所」
クリップが含まれているライブラリ名を表示します。「Finderに表示」をクリックすると、クリップが参照しているメディアファイルがFinderで表示されます。

「使用可能なメディア表現」

クリップが参照しているファイルの種類が表示されます。

「オリジナル」:読み込み元のファイルです。

「最適化済み」:トランスコードされたムービーファイルです。通常は「Apple ProRes 422」ファイルです。

「プロキシ」:編集用の軽いサイズのムービーファイルです。通常は「Apple ProRes 422(プロキシ)」ファイルです。画質は最適化されたメディアの約1/2です。

▶ メディアのトランスコード

P.335の図の例では使用可能なメディアは「オリジナル」のみで、「最適化済み」と「プロキシ」は赤い▲マークで使用できません。そこで、このクリップをトランスコードしてみましょう。

❶「オリジナル」の右側にある「メディアをトランスコード」を選択します。

❷「メディアをトランスコード」ウインドウが表示されます。「最適化されたメディアを作成」と「プロキシメディアを作成」にチェックを入れ、以下のように設定します。

- 「コーデック」:ProRes プロキシ
- 「フレームサイズ」:50%

❸「OK」をクリックすると、バックグラウンドでトランスコードが実行されます。

トランスコードが終了すると「オリジナル」の他に「最適化済み」と「プロキシ」が緑色の●で表示されています。

▶ 再生するメディアを選択する

トランスコードが完了したので、ビューアで再生するメディアを選択してみましょう。ビューアの「表示」プルダウンメニューを開いて、「メディア再生」の「最適化／オリジナル」「プロキシ優先」「プロキシのみ」のいずれかを選択します。

「最適化／オリジナル」では、「最適化されたメディア」（Apple ProRes 422形式）またはオリジナルのメディアが再生されます。
「プロキシ優先」では、「プロキシ」（Apple ProRes 422（プロキシ）形式）にエンコードされたメディアがある場合はプロキシメディアで再生されます。
再生時にコマ落ちなどが生じたときは、「表示」プルダウンメニューから「メディア」を「プロキシ優先」に設定すると、画質は落ちますが、再生がスムーズになる場合があるので試してみるとよいでしょう。
なお、編集が完了した後にはプルダウンメニューから「最適化／オリジナル」に忘れずに戻しておきましょう。そのままではプロキシメディアの画質で書き出されてしまいます。

ファイルの再接続

Final Cut Proでは、イベントやタイムラインの「クリップ」と、再生される「メディアファイル」はリンクしています。ところが、なんらかの原因でリンクが途切れてメディアファイルを見失ってしまうことがあります。その場合は、メディアファイルを手動で指定して、元のクリップと再接続します。

▶ ファイルを見失った状態

作業中にクリップのリンクが外れると、「ファイルが見つかりません」と表示されます（次ページ図）。このとき、タイムラインのクリップも同様に赤のアラート表示になり、ビューアでの再生ができなくなります。

リンクが外れたクリップ

▶ファイルを指定して再接続する

リンクが外れていては編集作業ができませんね。見失ってしまったファイルの場所を指定して「再接続」しましょう。

❶「ファイルが見つかりません」と表示されたクリップを選択し、「ファイル」メニューから「ファイルを再接続」→「オリジナルのメディア」を選択します。

❷「オリジナルファイルを再接続」ウインドウが開きます。「再接続：見つからないファイル」を選択し、「場所を指定」をクリックします。

❸ ファイル選択のウインドウで、オリジナルまたはバックアップのファイルがあるフォルダを指定し、「選択」をクリックします。

❹「1個中1個のファイルが一致しました」と表示されました。「ファイルを再接続」をクリックします。

アラート表示が消え、見失ったクリップはオリジナルのクリップに再接続されました。
もしファイルが見つかってもアラートが消えない場合はFinal Cut Proを再起動してみてください。

このように、「ファイルの再接続」では見失ってしまったメディアを手動で再接続することができます。
多くの場合、再接続が必要になるのは外部のファイルを参照している場合で、そのファイルを移動したり消去してしまったときです。オリジナルのファイルが残っていれば、この例のように、再度接続することで編集作業に戻ることができます。また、撮影したSDカードがある場合は、再度「読み込み」を行うことで、再接続ができる場合があります。
エラーが起きたときに慌てないためにも、データのバックアップは大切に残しておきましょう。

索 引 · I N D E X

数字

「3Dコントロール」‥‥‥‥‥‥‥‥‥‥‥‥142

「3Dテキスト」‥‥‥‥‥‥‥‥‥‥‥‥‥141

「3Dに切り替え」(Motion)‥‥‥‥‥‥‥289

360°動画‥‥‥‥‥‥‥‥‥‥‥‥‥‥230

「360°」(トランジション)‥‥‥‥‥‥‥‥112

360°ビューア‥‥‥‥‥‥‥‥‥‥‥‥231

アルファベット

A

AirDrop‥‥‥‥‥‥‥‥‥‥‥‥‥‥‥249

「AirDrop経由でコピーを送信」(iPad)‥‥‥‥273

Apple ProRes 422‥‥‥028, 044, 076, 336, 337

Apple ProRes 422(プロキシ)‥‥‥028, 336, 337

「A/V出力」‥‥‥‥‥‥‥‥‥‥‥‥‥323

B

「Bright White」‥‥‥‥‥‥‥‥‥‥‥‥149

C

Compressor‥‥‥‥‥‥‥‥‥‥‥‥‥278

「Compressorへ送信」‥‥‥‥‥‥‥‥‥280

D

DaVinci Resolve‥‥‥‥‥‥‥‥‥‥‥310

E

「EQ」‥‥‥‥‥‥‥‥‥‥‥‥‥‥‥165

F

Final Cut Camera‥‥‥‥‥‥‥‥‥258, 271

「Final Cut Camera 転送」‥‥‥‥‥‥‥264

Final Cut Proテンプレート‥‥‥‥‥‥‥295

「Final Cut Pro 補足コンテンツ」‥‥‥‥‥032

FxFactory Pro‥‥‥‥‥‥‥‥‥‥‥‥115

G

「GPUをレンダリング／共有」‥‥‥‥‥‥322

H

H.264形式‥‥‥‥‥‥‥‥‥‥‥‥‥078

「HDR」‥‥‥‥‥‥‥‥‥‥‥‥196, 321

「HDRツール」‥‥‥‥‥‥‥‥‥‥‥‥198

「HDRをトーンマッピングとして表示」‥‥‥‥323

I

「InertiaCam」‥‥‥‥‥‥‥‥‥‥‥‥090

Io X3‥‥‥‥‥‥‥‥‥‥‥‥‥‥‥327

iPadをサブディスプレイにする‥‥‥‥‥‥276

「iXMLトラック名がある場合は割り当てる」‥‥‥325

J

J字編集‥‥‥‥‥‥‥‥‥‥‥‥‥‥158

索　引　・　I　N　D　E　X

K
「Ken Burns」‥‥‥‥‥‥‥‥‥‥‥‥086
Keynote‥‥‥‥‥‥‥‥‥‥‥‥‥‥308

L
Legacy Generators‥‥‥‥‥‥‥‥‥116
Logモード‥‥‥‥‥‥‥‥‥‥‥‥‥193
LUT‥‥‥‥‥‥‥‥‥‥‥‥‥‥‥193
LUTファイル‥‥‥‥‥‥‥‥194, 196
L字編集‥‥‥‥‥‥‥‥‥‥‥‥‥158

M
Motion‥‥‥‥‥‥‥‥‥‥‥‥‥‥285
「Motionプロジェクト」‥‥‥‥‥‥287
MOV形式‥‥‥‥‥‥‥‥‥‥‥‥075
MP4形式‥‥‥‥‥‥‥‥‥‥‥‥077

P
Photoshop‥‥‥‥‥‥‥‥‥‥‥‥304
「Photoshopファイル」(書き出し設定)‥‥‥‥‥305
PIXEL FILM STUDIOS‥‥‥‥‥‥116

R
「RGBパレード」‥‥‥‥‥‥‥‥‥183

S
SIMPLE VIDEO MAKING‥‥‥‥‥116
「Smokey」‥‥‥‥‥‥‥‥‥‥‥‥149

「SmoothCam」‥‥‥‥‥‥‥‥‥‥090

U
UltraStudio 4K Mini‥‥‥‥‥‥‥327

V
「VRヘッドセットでコマ落ちが発生する場合は、再生後に警告」‥‥‥‥‥‥‥‥‥‥‥‥‥322

W
「Wide Gamut HDR」‥‥‥‥‥‥‥198

X
XML‥‥‥‥‥‥‥‥‥‥‥‥310, 318

Y
YouTube‥‥‥‥‥‥‥‥‥‥078, 146

かな
あ
「アーカイブを作成」‥‥‥‥‥‥‥026
アウト点‥‥‥‥‥‥‥‥‥‥‥‥047
「アクティブ・オーディオ・アングル」‥‥218
「アクティブ・ビデオ・アングル」‥‥‥218
「アニメーションエディタ内の選択したエフェクトにキーフレームを追加」‥‥‥‥‥‥‥‥‥‥‥‥100
「アピアランス属性を保存」‥‥‥‥139

「アフレコ」ボタン……………………………254
「アフレコを録音」………………………………172
「アングル」………………………………………216
アングルエディタ…………………………………270
アングルスイッチャー……………………………266
アングルビューア…………………………………215
「アングルを追加」……………………………221, 260

い

「位置」ツール…………………………………053
イベント…………………………………………012
イベントビューア…………………………………074
「イベントを結合」………………………………040
「イベントをゴミ箱に入れる」………………………040
「色補正」…………………………………192, 321
色補正ツール（エフェクトブラウザ）………………182
「色補正とオーディオ補正のオプション」……………176
インサート編集……………………………………118
インストール………………………………………013
インスペクタ………………………………………016
「インスペクタの単位」…………………………088, 321
「インデックス」ボタン…………………………060, 232
イン点………………………………………………047

う

ウォッチフォルダ（Compressor）………………283
「上書き」ボタン……………………………………050

え

「エコー」…………………………………………166
エディタ領域………………………………………102
エフェクト（iPad）………………………………251
エフェクトブラウザ………………………………059, 092
「エフェクト」ボタン……………………………092
「エフェクトを削除」……………………………095
「エフェクトをペースト」………………………094
エンコード…………………………………………279

お

オーディオインスペクタ…………………………155
オーディオエフェクト……………………………165
「オーディオスキミング」ボタン…………………057
オーディオ素材を読み込む………………………170
オーディオのチャンネル設定……………………163
「オーディオの補正」……………………………161
「オーディオの問題を修正」………………………325
「オーディオフェード」…………………………321
オーディオメーター………………………………154
「オーディオレーンを表示」………………………235
オーディオロール…………………………………233
「オーディオロールを割り当てる」………………325
「オーディオを解析」……………………………325
「オーディオを切り離す」…………………………160
「オーディオを展開」……………………………158
「オーバースキャン」ボタン………………………081
オーバーレイ………………………………………072

343

索　引 ・ I　N　D　E　X

「オブジェクトトラック」……………………………223
「オブジェクト」(トランジション)……………………113
オンスクリーンコントロール……………………………081
音量コントロール…………………………………………155
音量を調整…………………………………………………155

か
「解析と修復」………………………………………………037
「カスタムLUT」……………………………………………194
「カスタムオーバーレイを選択」…………………073, 138
「カスタムオーバーレイを表示」…………………………073
「カスタム速度」……………………………………………210
「カメラのLUT」……………………………………………193
「カメラのLUT」プルダウンメニュー…………………194
カラーインスペクタ………………………………………181
「カラーカーブ」……………………………………………191
「カラー」(「カラーボード」)………………………………182
「カラー」(クリップエフェクト)…………………………103
「カラー選択」………………………………………………204
「カラー調整」………………………………………………177
「カラー適合」………………………………………………091
「カラーホイール」…………………………………………190
「カラーボード」(エフェクトブラウザ)…………………181
「カラーボードプリセット」………………………………189
カラーマスク…………………………………………094, 188

き
キーフレーム………………………………………………097

「キーフレームを削除」……………………………099, 100
「キーワード」………………………………………………324
キーワードエディタ………………………………………035
キーワードショートカット………………………………035
「基本」(クリップエフェクト)……………………………107
基本ストーリーライン……………………………042, 117
「基本タイトル」……………………………………………140
ギャップ………………………………………………053, 151
「キャプションを書き出す」………………………………146
「キャプションを追加」……………………………………145

く
「空間」………………………………………………………168
「空間適合」…………………………………………………090
「グリーンスクリーンキーヤー」…………………199, 201
クリップ……………………………………………………012
「クリップアピアランス／フィルタ」(ブラウザ) 033, 047
クリップエフェクト………………………………080, 092
「クリップ項目を分割」……………………………………131
「クリップ」(タイムラインインデックス)………………232
「クリップのアピアランス」(タイムライン)……………057
「クリップのアピアランス」(「メディアを読み込む」ウインドウ)…………………………………………………………025
クリップの外観……………………………………………058
クリップの再生方法………………………………………045
クリップの削除……………………………………………124
クリップの高さ……………………………………………058
クリップの表示項目………………………………………058

クリップを接続	117
「クリップを同期」	169
「クリップを開く」	131
クリップを無効にする	123
クローズドキャプション	145
「グローバル」	182
「クロスディゾルブ」	108
「クロスフェード」	321
「クロップ」	084, 088

け

「継続時間」	321
「継続時間を変更」	109
「現在のフレームを保存」	213

こ

「合成」	089
「合成:不透明度」	102
「コーデック」	324
「コーナーのマスク」	200
子画面表示	125
「コマ落ちが発生する場合は、再生を停止して警告」	322
「細かく左に」	062
「細かく右へ」	062
コマンドエディタ	331
「コミック外観」（クリップエフェクト）	104

さ

再生コントロール	024, 046
再生コントロールのショートカット	046
再生速度を変更する	210
「再生／停止」ボタン	045
再生ヘッド	048, 057
「最適化／オリジナル」	072, 337
「最適化されたメディアを作成」	324
サイドバー	016
「サウンドトラック」（iPad)	254
「サチュレーション」	178, 185
ざぶとん	148
「サブフレーム」	320
参照波形	161
「参照波形を表示」	321

し

「シーン除去マスク」	206
シェイプマスク	094, 187
ジェネレータ	148
「時間表示」	320
「自動カラー適合」	196
シネマティックエディタ	227
「シネマティック」	226
シネマティックモード	226
「写真、ビデオ、およびオーディオ」ボタン	031
「視野」スライダー	231
「シャドウ」	182

345

索 引 ・ I N D E X

「周囲を再生」⋯⋯⋯⋯⋯⋯⋯⋯⋯174
終了点⋯⋯⋯⋯⋯⋯⋯⋯⋯⋯⋯⋯049
「出力先」⋯⋯⋯⋯⋯⋯⋯⋯⋯⋯⋯325
「詳細なトリミングフィードバックを表示」⋯⋯⋯⋯321
詳細編集⋯⋯⋯⋯⋯⋯⋯⋯⋯067, 110
焦点ポイント⋯⋯⋯⋯⋯⋯⋯⋯⋯228
「焦点」ボタン⋯⋯⋯⋯⋯⋯⋯⋯⋯234
「情報」インスペクタ⋯⋯⋯⋯045, 335
ショートカットキー⋯⋯⋯⋯⋯⋯⋯331
ジョグホイール（iPad）⋯⋯⋯⋯⋯245
「新規複合クリップ」⋯⋯⋯⋯⋯⋯130
「新規プロジェクト」⋯⋯⋯⋯⋯⋯041
「新規プロジェクト」（iPad）⋯⋯⋯247
「新規マルチカムクリップ」⋯⋯⋯⋯214
「人物の検索結果をまとめる」⋯⋯⋯324
「人物を探す」⋯⋯⋯⋯⋯⋯⋯⋯⋯324

す

「水平線を表示」⋯⋯⋯⋯⋯073, 138
スキマー⋯⋯⋯⋯⋯⋯⋯⋯⋯⋯⋯057
スキミング再生⋯⋯⋯⋯025, 046, 057
「スタイライズ」（クリップエフェクト）⋯⋯⋯⋯104
「スタイライズ」（トランジション）⋯⋯⋯⋯113
スタビライザー⋯⋯⋯⋯⋯⋯⋯⋯090
ストーリーライン⋯⋯⋯⋯⋯⋯⋯128
「ストーリーラインに追加」⋯⋯⋯⋯049
「ストーリーラインを作成」⋯⋯⋯⋯128
「ストレージの場所」⋯⋯⋯⋯⋯⋯238

「スナップ」ボタン⋯⋯⋯⋯⋯⋯⋯057
「スピルの抑制」⋯⋯⋯⋯⋯⋯⋯⋯205
「すべてレンダリング」⋯⋯⋯⋯⋯111
「スポイト」ツール⋯⋯⋯⋯⋯⋯⋯188
「スマートコレクション」⋯⋯⋯⋯⋯036
「スマートコレクションを作成する」⋯⋯⋯324
スライド編集⋯⋯⋯⋯⋯⋯⋯⋯⋯066
スリップ編集⋯⋯⋯⋯⋯⋯⋯⋯⋯065
「スローモーションをスムージング」⋯⋯⋯211, 212

せ

静止画⋯⋯⋯⋯⋯⋯⋯⋯⋯⋯⋯⋯212
「静止画像」⋯⋯⋯⋯⋯⋯⋯⋯⋯321
「生成されたライブラリファイルを削除」⋯⋯⋯⋯236
セカンドディスプレイ⋯⋯⋯⋯⋯⋯019
接続ポイント⋯⋯⋯⋯⋯⋯⋯⋯⋯118
「接続」ボタン⋯⋯⋯⋯⋯⋯050, 117
全高表示⋯⋯⋯⋯⋯⋯⋯⋯⋯⋯⋯136
「選択」ツール⋯⋯⋯⋯⋯⋯⋯⋯⋯052
「選択部分をトリム」⋯⋯⋯⋯⋯⋯063
「選択部分をモニタリングアングルに同期」⋯⋯⋯221
「選択部分をレンダリング」⋯⋯⋯⋯111

そ

「挿入」ボタン⋯⋯⋯⋯⋯⋯⋯⋯⋯050
「ソーシャルプラットフォーム」⋯⋯⋯⋯146
「ソロ」⋯⋯⋯⋯⋯⋯⋯⋯⋯⋯⋯⋯164
「ソロ」ボタン⋯⋯⋯⋯⋯⋯⋯⋯⋯057

た

タイトル……………………………………133
タイトル（iPad）………………………………252
「タイトル／アクションのセーフゾーンを表示」072, 137
タイトルインスペクタ…………………………136
「タイトルとジェネレータ」……………………133
タイトルのプリセットを保存…………………139
「タイムコード」…………………………………152
タイムライン………………………………016, 056
タイムライン（iPad）…………………………244
タイムラインインデックス………………060, 232
「タイムラインオプション」（iPad）……………244
「タイムラインのズームレベル」………………051
タイムラインのスクロール……………………060
タイムラインの表示範囲………………………057
「タイムラインの履歴を戻る」ボタン…………131
「タイリング」（クリップエフェクト）……………104
「タイル」…………………………………………101
「タグ」（タイムラインインデックス）…………232
縦書き文字を作成（Motion）…………………299

ち

「中間色調」……………………………………182
調整レイヤー……………………………………132
調整レイヤーを作成（Motion）………………301

つ

「追加」ボタン……………………………………050

ツーアップ表示…………………………………064
「ツール」ポップアップメニュー………………059

て

「ディスクのパフォーマンスが原因でコマ落ちが発生する
場合は、再生後に警告」………………………322
「ディストーション」……………………………166
「ディストーション」（クリップエフェクト）……105
「ディゾルブ」（トランジション）………………113
テキストインスペクタ…………………………135
「テキストエフェクト」（クリップエフェクト）……105
デフォルトのトランジション……………………112
「手ぶれ補正」……………………………………090

と

「動的トランジション」（トランジション）………115
「特殊」……………………………………………168
「トラッカー」……………………………………222
トラッキングエディタ…………………………223
トランジション……………………………108, 321
トランジション（iPad）…………………………252
トランジションブラウザ…………………059, 108
トランスコード……………………324, 335, 336
トリミング…………………………………083, 084
トリムアイコン……………………………051, 061
「トリム」（オンスクリーンコントロール）………085
「トリム開始点」…………………………………063
「トリム終了点」…………………………………063

索　引　・　I　N　D　E　X

な

内蔵エフェクト……………………………………080

「眺め」（クリップエフェクト）……………………107

ナレーションを加える……………………………172

ナレーションを録音（iPad）……………………254

の

「ノスタルジー」（クリップエフェクト）……………105

は

パーティクル（Motion）…………………………291

ハイダイナミックレンジ……………………………196

「ハイライト」…………………………………………182

バックグラウンドタスク………………………029, 323

「バックグラウンドレンダリング」………………111, 322

「パフォーマンス優先」……………………………071

「パラメータを削除」………………………………095

「パラメータをペースト」……………………094, 095

「バランスカラー」……………………………192, 324

「範囲選択」ツール…………………………………063

ひ

ピクチャインピクチャ（iPad）……………………242

ピクチャインピクチャ（マルチ画面）……………125

「ヒストグラム」………………………………………183

ビデオアニメーションエディタ……………………099

ビデオインスペクタ…………………………………087

「ビデオスコープ」……………………………………183

「ビデオとオーディオのスキミング」ボタン…………057

ビデオロール…………………………………………233

「ビデオを解析」……………………………………324

ビューア…………………………………………016, 070

「ヒュー／サチュレーションカーブ」………………191

ピント送り……………………………………………227

ふ

ファイル情報…………………………………………335

ファイルの再接続……………………………………337

「ファイルを書き出す」ウインドウ…………………075

「ファイルを書き出す（デフォルト）」………………075

「ファイルをそのままにする」………………………304

「ファブリック」………………………………………149

フィルムストリップ…………………………………056

フィルムストリップ表示……………………………023

フェードハンドル……………………………………102

「フォーマット属性とアピアランス属性をすべて保存」139

「フォーマット属性を保存」…………………………139

複合クリップ…………………………………………130

複合クリップを解除…………………………………131

「不採用を非表示」…………………………………034

「ブラー」（クリップエフェクト）……………………106

「ブラー」（トランジション）………………………113

ブラウザ………………………………………………016

プラグインソフト……………………………………115

フリーズフレーム……………………………………212

「フリーズフレームを追加」…………………………212

「プリロール継続時間」……………………………322
「フルスクリーンにする」……………………………020
「プレースホルダ」……………………………………151
「ブレード」ツール……………………………………052
「フレームサイズ」……………………………………324
「プレーヤー背景」……………………………………323
「ブロードキャストセーフ」…………………………189
プロキシ……………………………………336, 337
プロキシメディア……………………………………071
「プロキシメディアを作成」…………………………324
「プロキシ優先」……………………………072, 337
プロジェクト………………………………012, 041
プロジェクトのカスタム設定…………………………043
「プロジェクトブラウザ」(Motion)…………………287
プロジェクトを書き出す(iPad)……………………256
「プロジェクトを開く」…………………………………042
「プロジェクトを複製」…………………………………042

へ

「ペーパー」……………………………………………148
「変形」……………………………………080, 087
「編集操作後に再生ヘッドを配置」…………………321
編集点…………………………………………………061
「編集を拡張」…………………………………………064

ほ

「ボイス」………………………………………………167
「ポストロール継続時間」……………………………322

「ホワイトバランス」…………………………………192

ま

マーカー……………………………………143, 219
マグネティックタイムライン………………051, 122
「マスクとキーイング」(エフェクトブラウザ)…………200
「マスクを描画」………………………………………201
「マッチカラー」………………………………………179
「マットツール」………………………………………204
マルチカムクリップ…………………………………214
「マルチカムクリップ用に最適化されたメディアを作成」…
322
マルチカム編集………………………………………214
マルチ画面……………………………………………126

み

ミキシング……………………………………………173

む

「ムーブ」(トランジション)…………………………114
「無音のチャンネルを取り除く」………………………325

め

「メタデータ表示」ポップアップメニュー……………194
メディアブラウザ(iPad)……………………………243
「メディアをトランスコード」………………071, 336
「メディアを読み込む」ウインドウ…………023, 027

349

索　引　・　I　N　D　E　X

も

モーションパス（Motion）……………………………290

「モジュレーション」……………………………………167

モニタリングアングル…………………………………220

「モノラルとグループ・ステレオを分離」……………325

ゆ

「歪み」…………………………………………086, 088

よ

「読み込み」ボタン………………………………………023

「読み込む」→「メディア」………………………………023

ら

「ライト」（Motion）……………………………………289

「ライト」（クリップエフェクト）………………………106

「ライトとカラーの補正」………………………………176

「ライト」（トランジション）……………………………114

「ライトラップ」…………………………………………205

ライブ描画（iPad）……………………………………255

ライブマルチカム………………………………………258

ライブラリ………………………………………………012

ライブラリのバックアップ……………………………043

「ライブラリメディアを統合」…………………………237

ライブラリを整理………………………………………236

り

「リスト表示」……………………………………………024

「リタイミング」…………………………………………209

「リタイミングエディタ」………………………………210

リップル編集…………………………………061, 068

「リプリケータ／クローン」（トランジション）…………114

る

「ループ再生」……………………………………………174

「ルミナンス」……………………………………………189

れ

レイヤー構造……………………………………………119

レート……………………………………………………034

「レベル」…………………………………………………167

「連続再生」………………………………………………047

連続スクロール…………………………………………060

レンダリング……………………………………………111

「レンダリングキャッシュを消去」（iPad）……………275

「レンダリングファイルを削除」………………………236

ろ

「ローリングシャッター」………………………………090

「ロール」（タイムラインインデックス）………………233

ロールの変更……………………………………………235

ロール編集……………………………………063, 069

「ロールを編集」…………………………………………235

「露出」…………………………………………178, 186

わ

ワークスペース ······················016, 020

「ワークスペースに表示」 ·······················018

「ワークスペースを別名で保存」 ·······················020

「ワイプ」(トランジション) ·······················115

加納 真　@kano_shin

ボカロ好きの映像ディレクター。
東京・下北沢を拠点に活動中。
「初音ミクシンフォニー」「セカイシンフォニー」映像担当、
映像作品「ボーカロイドオペラ 葵上 with 文楽人形」など。

Final Cut Pro ガイドブック［第5版］

2024年9月15日　初版第1刷発行

著者○加納真
出演○上野優華
　　　篠田樹子／三田悠希／
　　　藤田みずき（プロダクション・タンク）
撮影○五十嵐広明
メイク○Hitomi Haga
撮影協力○鈴木直美

発行人○上原哲郎
発行所○株式会社ビー・エヌ・エヌ
　　　　〒150-0022　東京都渋谷区恵比寿南一丁目20番6号
　　　　Fax: 03-5725-1511
　　　　E-mail: info@bnn.co.jp
　　　　www.bnn.co.jp

印刷・製本○シナノ印刷株式会社

編集・DTP○芹川宏
デザイン○小川事務所

・本書の一部または全部について個人で使用するほかは、著作権上株式会社ビーエヌ・エヌおよび著作権者の承諾を得ずに無断で複写・複製することは禁じられております。
・本書の内容に関するお問い合わせは、弊社Webサイトから、またはお名前とご連絡先を明記のうえE-mailにてご連絡ください。
・乱丁本・落丁本はお取り替えいたします。
・定価はカバーに記載されております。

©2024 Shin Kano
ISBN978-4-8025-1304-3
Printed in Japan